FENGDIAN GONGCHENG JIANSHE
BIAOZHUN GONGYI SHOUCE

风电工程建设
标准工艺手册

龙源电力集团股份有限公司　组编

中国电力出版社
CHINA ELECTRIC POWER PRESS

内 容 提 要

　　为提高风力发电工程建设水平，降低安全隐患，减少成本，特编写了《风电工程建设标准工艺手册》。本书内容包括变电站土建工程、变电站电气工程、场区配电（包括架空线路工程部分、电缆线路工程部分）、风机及箱式变压器基础土建工程、风机安装及道路工程七大部分。

　　本书可作为风电工程现场的工具书供参建各方使用。

图书在版编目（CIP）数据

风电工程建设标准工艺手册/龙源电力集团股份有限公司组编 . —北京：中国电力出版社，2017.12 （2023.3 重印）
ISBN 978 - 7 - 5198 - 1339 - 0

Ⅰ.①风…　Ⅱ.①龙…　Ⅲ.①风力发电－电力工程－工程施工－标准　Ⅳ.①TM614 - 65

中国版本图书馆 CIP 数据核字（2017）第 270568 号

出版发行：中国电力出版社		印　　刷：北京九天鸿程印刷有限责任公司	
地　　址：北京市东城区北京站西街 19 号		版　　次：2017 年 12 月第一版	
邮政编码：100005		印　　次：2023 年 3 月北京第二次印刷	
网　　址：http：//www.cepp.sgcc.com.cn		开　　本：787 毫米×1092 毫米　16 开本	
责任编辑：孙　芳（010 - 63412381）		印　　张：15	
责任校对：王小鹏		字　　数：392 千字	
装帧设计：左　铭		印　　数：2001—2500 册	
责任印制：蔺义舟		定　　价：88.00 元	

编　委　会

近年来，风电产业蓬勃发展，新建项目任务众多，但由于风电项目普遍在较为偏远地区，工程建设条件十分艰苦，参与工程建设的施工队伍也良莠不齐。这一系列因素导致了风电工程建设水平不高。移交生产后，给生产运行人员带来安全隐患，以及各种功能缺陷，并导致后续运维成本不断增加。经过多年的经验累积，我单位综合各地运行单位反馈意见，对所有风电项目统一进行各阶段验收，强化风电工程质量意识，推行标准化施工，特别编辑了该"风电工程建设标准工艺手册"以供学习参考。本次编写涉及变电站土建工程、变电站电气工程、场区配电（包括架空线路部分、电缆线路部分）、风机及箱变基础、风机安装及道路工程六大部分。书中对各个工程建设环节的施工要点进行了详细的解释说明，对相应的最新技术标准和要求也进行了罗列，并且采集了相关标准工艺的标准作业图以便于指导现场施工。本书可作为风电工程现场的工具书供参建各方使用。希望本书的出版可为我国风电建设水平的提高起到有益推动作用。

由于编者能力有限，且时间比较匆忙，如在使用中有任何疑问或者良好建议，欢迎批评指证，可发邮件至 wangmiao @ clypg. com. cn，在此表示衷心的感谢。

编　者

二〇一七年十月二十一日

风电工程建设标准工艺手册

目　录

前言

第1篇　变电站土建工程

第 2 篇　变电站电气工程

第 3 篇　场区配电架空线路工程

第 4 篇　场区配电电缆线路工程

第5篇 风机及箱式变压器基础土建工程

第6篇 风机安装工程

第7篇 道路工程

第 1 篇

变电站土建工程

编号	项目/工艺名称	工艺标准	施工要点	图片示例
101010000	通用建筑工程			
101010100	建筑内墙面			
101010101	墙面抹灰	（1）抹灰墙面应光洁、色泽均匀，无抹纹、脱层、空鼓，面层应无爆灰和裂缝、接槎平整，分格缝及灰线清晰美观。 （2）护角、孔洞、槽、盒周围的抹灰表面应整齐、光滑，管道后面的抹灰表面应平整。	（1）材料：宜采用普通硅酸盐水泥，强度等级不小于 42.5，砂采用中砂（经 5mm 过筛），含泥量不大于 1%。 （2）抹灰前应检查门窗框位置是否正确；将过梁、梁垫、圈梁及组合柱表面凸出部分混凝土剔平；脚手架眼应封堵严实；预埋管道全部埋设，并封堵密实。 （3）找规矩：分别在门窗口角、垛、墙面等处吊垂直、套方抹灰饼。 （4）基层处理：不同材料基体交接处表面的抹灰应采取防止开裂的加强措施。要求牢固、紧贴墙面、平整、无空鼓。 （5）抹灰： 1）先抹底灰。 2）当底子灰六七成干时，即可开始抹罩面灰（如底灰过干应浇水湿润）。 （6）墙、柱间的阳角应用 M20 水泥砂浆做护角，高度不宜小于 1.8m，每侧宽度不宜小于 50mm。 （7）养护：在抹灰 24h 以后进行保湿养护，养护时间不得少于 7d，冬季施工要有保温措施。	101010101-T1 抹灰墙面（基层处理） 101010101-T2 抹灰墙面（成品）

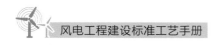

续表

编号	项目/工艺名称	工艺标准	施工要点	图片示例
101010101	墙面抹灰	（3）垂直度偏差不大于3mm；平整度偏差不大于2mm（使用2m长靠尺检查）；阴阳角方正偏差不大于2mm；分格条直线度偏差不大于3mm；墙裙、勒角上口直线度不大于3mm	（8）要保护好墙上的预埋件，电线槽盒、水暖设备和预留孔洞等均事先粘贴好防护膜，不得随意抹堵预留洞口。要保护好地面、地漏等设施，禁止直接在地面上拌灰和随意堆放砂浆	
101010102	内墙涂料墙面	（1）墙面应平整光滑、棱角顺直。颜色均匀一致，无返碱、咬色，无流坠、疙瘩，无砂眼、刷纹。 （2）涂料耐洗刷性（次）不小于1000。	（1）涂料采用环保乳胶漆。 （2）基层处理：将墙面基层上起皮、松动及空鼓等清除凿平；基层的缺棱掉角处用M15水泥砂浆或聚合物砂浆修补；表面的麻面和缝隙应用腻子找平，干燥后用砂纸打磨平整。基层为混凝土、加气混凝土、粉煤灰砌块时，应用M15水泥砂浆（内掺适量胶粘剂）或界面砂浆，采用机械喷涂的方法进行墙面毛化处理，并进行洒水养护。对于砖墙，应在抹灰前一天浇水湿润。 （3）刮腻子的遍数应根据基层表面的平整度确定，第一遍腻子应横向满刮。第二遍腻子应竖向满刮。第三遍腻子用胶皮刮板找补腻子，用钢片刮板满刮腻子。墙面应平整光滑、棱角顺直。 （4）涂料施工前，应在门窗边框、踢脚线、开关、插座等周边粘贴保护膜或美纹胶纸，防止污染。 （5）涂料施工时涂刷或滚涂一般三遍成活，喷涂不限遍数。涂料使用前要充分搅拌，涂	 101010102-T1 涂料墙面（基层）

编号	项目/工艺名称	工艺标准	施工要点	图片示例
101010102	内墙涂料墙面	（3）垂直度偏差不大于 3mm；平整度偏差不大于 2mm（使用 2m 长靠尺检查）；阴阳角方正偏差不大于 2mm；分格条直线度偏差不大于 3mm	涂料时，必须清理干净墙面。调整涂料的黏稠度，确保涂层厚薄均匀。 （6）面层涂料待底层涂料完成并干燥后进行，从上往下、分层分段进行涂刷。涂料涂刷后应颜色均匀、分色整齐、不漏刷、不透底，每个分格应一次性完成。 （7）施工前要注意对金属埋件的防腐处理，防止金属锈蚀污染墙面。涂料与埋件应边缘清晰、整齐、不咬色	 101010102-T2 涂料墙面（腻子打磨后）
101010103	内墙贴瓷砖墙面	（1）瓷砖套割吻合，边缘整齐。粘贴牢固，无空鼓，表面平整、洁净、色泽一致，无裂痕和缺损。接缝应平直、光滑，填嵌应连续、密实。 （2）瓷砖吸水率 E 不大于 6%。 （3）瓷砖破坏强度不小于 600N。 （4）垂直度偏差不大于 2mm（使用 2m 长靠尺检查）；平整度	（1）墙砖地砖排布基本要求：宜事先预排，尽量避免出现大半砖，不出现小半砖。在门旁位置应保持整砖。面砖不得吃门窗框；墙面砖压地面砖。 （2）墙面砖与地面砖的排砖关系：墙面砖与地面砖砖缝应对缝，内墙砖与地砖的选用应优先考虑在一个方向上尺寸相同。 （3）墙砖与吊顶关系：吊顶边条宜正好压墙砖平缝，显示墙面整砖为好。 （4）基层处理：检查墙面基层，凸出墙面的砂浆、砖、混凝土等应清除干净，孔洞封堵密实。 （5）有防水要求的墙面，在不大于 1.8m 高度范围内涂刷防水材料。 （6）水平及垂直控制线、标识块：根据设	 101010103-T1 贴瓷砖墙面（基层）

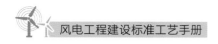

编号	项目/工艺名称	工艺标准	施工要点	图片示例
101010103	内墙贴瓷砖墙面	偏差不大于 1.5mm；阴阳角方正偏差不大于 2mm；接缝直线度偏差不大于 2mm；接缝高低差不大于 0.5mm	计大样设立皮数杆，对窗心墙、墙垛处事先测好中心线、水平分格线、阴阳角垂直线，然后镶贴标识点。 （7）面砖镶贴：砖墙面要提前一天湿润好，混凝土墙可以提前 3~4h 湿润，瓷砖要在施工前浸水，浸水时间不小于 2h，然后取出晾至手按砖背无水渍方可贴砖。阳角拼缝可将面砖边沿削磨成 45°斜角，保证接缝平直、密实。阴角应大面砖压小面砖。厕所、洗浴间缝隙宜采用塑料十字卡控制。 （8）瓷砖粘贴时注意调和好粘接层的黏稠度	101010103-T2 贴瓷砖墙面
101010200	**窗台**			
101010201	人造石或天然石材窗台	（1）窗台板结构致密、表面光洁、拐角方正、抗老化、保色性能良好，不易变形。 （2）平整度偏差不大于 0.5mm。 （3）两侧出墙面尺寸偏差不小于 1mm。	（1）测量尺寸宜在窗体安装完毕、墙体抹灰结束后进行。 （2）窗洞口抹灰时，窗台板底标高应高出室外窗台 10mm，粉刷面平整度小于 2mm。 （3）窗台板安装前应清理基底，座浆饱满，保证窗台板安装后的平整度。 （4）窗台板安装位置正确，割角整齐，接缝严密，平直通顺。窗台板出墙尺寸一致。 （5）窗台板的安装高度不应妨碍窗的开启，其顶面宜低于下部窗框的上口 8~10mm 或更多。	101010201-T1 内窗台板

续表

编号	项目/工艺名称	工艺标准	施工要点	图片示例
101010201	人造石或天然石材窗台	（4）留缝偏差不大于0.5mm。 （5）板材无甲醛和苯释放量	（6）窗台板与墙面、窗框结合处宜采用硅酮耐候胶封闭。外窗台板下应留设滴水槽	 101010201-T2 外窗台板
101010300	**建筑内地（楼）面**			
101010301	细石混凝土地（楼）面	（1）细石混凝土面层的材质、强度（配合比）必须符合设计要求和施工规范规定。 （2）面层与基层的结合，必须牢固、无空鼓。 （3）分格条固定牢固、顺直，平直偏差不大于2mm。	（1）材料：应采用普通硅酸盐水泥，强度等级不小于42.5。粗骨料采用碎石或卵石，当混凝土强度不小于C30时，含泥量不大于1%；当混凝土强度小于C30时，含泥量不大于2%，细骨料应采用中砂，当混凝土强度不小于C30时，含泥量不大于3%；当混凝土强度小于C30时，含泥量不大于5%。 （2）基层清理：基层（混凝土垫层或结构楼板）表面的尘土、砂浆块等杂物应清理干净。如基层表面光滑，应在刷浆前将表面凿毛。 （3）贴灰饼或冲筋，小房间在房间四周根据标高线做出灰饼，大房间需要冲筋（间距1.5m）；有地漏的房间要在地漏四周做出	 101010301-T1 细石混凝土地面

编号	项目/工艺名称	工艺标准	施工要点	图片示例
101010301	细石混凝土地（楼）面	（4）地面平整度偏差不大于3mm（使用2m长靠尺检查）	0.5％的泛水坡度。冲筋和灰饼均要采用同标号细石混凝土制作（俗称软筋），随后铺细石混凝土。 （4）摊铺混凝土前一天对楼板表面进行洒水湿润。 （5）混凝土摊铺前应在基层表面刷一道1∶0.4（水泥∶水）的素水泥浆，并做到随刷随铺混凝土。 （6）铺细石混凝土：一般不低于C20，坍落度应不大于30mm，并应每500m²制作一组试块。铺细石混凝土后用长刮杠刮平，振捣密实，表面塌陷处应用细石混凝土铺平，再用长刮杠刮一次，然后用木抹子搓平。 （7）应进行三遍抹压。 （8）养护：第三遍抹压完成12h后及时养护，至少连续养护7d后，方能上人	 101010301-T2 细石混凝土地面
101010302	预制板块地面	（1）踢脚线缝与地砖缝对齐，踢脚线瓷砖出墙5~6mm。 （2）地砖与下卧层结合牢固，不得有空鼓。地砖面层表面洁净，色泽一致，接缝平整，地砖留缝的宽度和深度一致，周边顺直。地面砖无裂缝、无缺棱掉角等缺陷，套割粘贴严密、美观。阴阳角做45°对角拼砖，	（1）将砖用干净水浸泡约15min，捞起待表面无水再进行施工。 （2）基层表面的浮土和砂浆应清理干净。 （3）有防水要求的地面，防水层在墙地交接处上翻高度：卫生间不小于1.8m，厨房不小于1.2m。蓄水试验无渗漏；穿楼地面的管洞封堵密实。 （4）相连通的房间规格相同的砖应对缝，确实不能对缝的要用过门石隔开。	101010302-T1 通体砖地面

续表

编号	项目/工艺名称	工艺标准	施工要点	图片示例
101010302	预制板块地面	切边无破损。 （3）平整度偏差不大于 2mm（使用 2m 长靠尺检查）；缝格平直偏差不大于 3mm；接缝高低差不大于 0.5mm	（5）板材铺贴前，应对地面基层进行湿润，刷水胶比为 1：0.5 的水泥浆，随刷随铺干硬性砂浆结合层，从里往外、从大面往小面摊铺，铺好后用大杠尺刮平，再用抹子拍实找平。 （6）每一个区段施工时应挂通线调整砖缝或使用气钉控制砖缝，使缝口平直贯通，缝宽不应大于 2mm。 （7）地砖与结合层的粘结应牢固、无空鼓。地砖铺完后 24h 要洒水 1～2 次，地砖铺完 2 天后将缝口和地面清理干净，用同色水泥浆嵌缝，然后用棉纱将地面擦干净。嵌缝砂浆终凝后，覆盖浇水养护至少 7 天。 （8）待结合层的水泥砂浆强度达到设计要求后，经清洗、晾干后，方可打蜡擦亮。 （9）成品保护： 　1）切割地砖时，不得在刚铺贴好砖面层上操作。面砖铺贴完成后应撒锯末或其他材料覆盖保护。 　2）铺贴砂浆抗压强度达到 1.2MPa 时，方可上人进行操作。涂料施工时要对面层进行覆盖保护	101010302-T2 通体砖地面

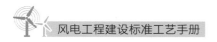

编号	项目/工艺名称	工艺标准	施工要点	图片示例
101010303	防静电活动地板	（1）面层应排列整齐、表面洁净、色泽一致、接缝均匀、周边顺直。 （2）面层无裂纹、掉角和缺棱等缺陷，切割边不经处理不得镶补安装，并不得有局部膨胀变形。行走无响声、无晃动。 （3）支撑架螺栓紧固，缓冲垫放置平稳整齐，所有的支座柱和横梁构成框架一体，并与基层连接牢固。 （4）平整度偏差不大于2mm（使用2m长靠尺检查）；缝格平直偏差不大于2.5mm；接缝高低差不大于0.4mm；支撑架高度偏差为±1mm	（1）铺设前应进行活动地板排版、设计，不得有小于半块的板块出现，且非整块的板块应放在房间拐角部位。 （2）弹完方格网实线后，要及时插入铺设活动地板下的电缆管线的工序，并经验收合格后再安支撑系统，防止因工序颠倒，造成支撑架碰撞或松动。 （3）在墙体四周弹设标高控制线，依据标高控制线，由外往里铺设。铺设时应规范，并预留洞口与设备位置。 （4）面板安装后缝格的平直度控制在3mm之内	 101010303-T1 防静电活动地板 101010303-T2 防静电活动地板

编号	项目/工艺名称	工艺标准	施工要点	图片示例
101010304	塑胶地面	（1）拼接处高低差为零；无缝隙拼接。 （2）地板粘贴应牢固、不翘边、不脱胶、无溢胶。 （3）平整度偏差不大于2mm（使用2m长靠尺检查）；缝格平直偏差不大于2mm	（1）塑胶地面使用卷材，要求耐压耐磨、抗冲击、防火、延缓老化、遇水防滑、质感柔和、防污防腐、易于清洁和环保；采用环保粘接剂。 （2）地面保持洁净干燥。基层表面应平整、坚硬、干燥、密实、洁净、无油渍及其他杂质。不得有麻面、起砂、裂缝等缺陷。用2m靠尺和塞尺检查平整度，平整度不大于2mm。 （3）铺设时应注意花纹同向铺设。若铺设过程中有地胶渗出，在未干前用湿布擦拭，略干时可用松香水和去渍油擦拭干净。 （4）塑胶地板整体铺设完毕后进行打蜡养护工作，水性蜡在涂布后干燥时间约20min，干燥前不得在上面行走、放重物品，蜡干后进行第二次打蜡直至表面光滑、光亮	 101010304-T 塑胶地面
101010305	水泥砂浆地面	（1）水泥砂浆地面表面洁净，颜色一致，分缝合理，无抹痕、无裂缝、脱皮、麻面、起砂，水泥砂浆地面与下一层结合牢固，无空鼓。	（1）材料：宜采用普通硅酸盐水泥，强度等级不小于42.5。砂采用中粗砂，含泥量不大于3%。冬期施工时，室内温度不得低于5℃。 （2）标高引测、弹线：注意房间与房间以外的楼道、楼梯平台、踏步的标高相协调。 （3）基层处理：将基层清理干净，做到无杂物、油污等污物。施工前洒水润湿。 （4）水泥砂浆地面施工前宜先浇筑一道混凝土垫层。	 101010305-T1 水泥砂浆地面

编号	项目/工艺名称	工艺标准	施工要点	图片示例
101010305	水泥砂浆地面	（2）表面平整度偏差不大于4mm（使用2m长靠尺检查）；分格缝平直偏差不大于3mm	（5）设界格条：界格条在处理完垫层时预埋，主要设置在不同房间的交界处和结构变化处。 （6）水泥砂浆地面施工前在基层上刷素水泥浆1道（内掺建筑胶）。采用20mm厚M15水泥砂浆（或成品干拌楼地面抹面砂浆）抹面压实赶光。 （7）为保证水泥砂浆地面的平整度需在基层做冲筋控制标高，设置分格缝的间距为3～4m，缝宽为3～5mm，采用硅酮耐候胶封闭。水泥砂浆地面面层要分三次原浆压光成面（不得撒干灰或刮素浆）。 （8）水泥砂浆地面施工完成12h后及时进行养护，并派专人负责，养护不少于7d。养护期间严禁上人，避免重压、碰撞	101010305-T2 水泥砂浆地面分格缝
101010400	**建筑顶棚**			
101010401	涂料顶棚	（1）顶棚应平整光滑、棱角顺直。涂料涂饰均匀、粘接牢固，不得漏涂、透底、起皮和掉粉。颜色均匀一致，无返碱、咬色，无流坠、疙瘩，无砂眼、刷纹。 （2）涂料耐洗刷性（次）不小于500。	（1）涂料采用环保乳胶漆。 （2）刮腻子前将顶棚清理干净，尤其是支顶模、固定预埋线盒、固定预留孔洞模板的钉子，必要时要先对其进行防腐处理。	101010401-T1 涂料顶棚（腻子找平）

续表

编号	项目/工艺名称	工艺标准	施工要点	图片示例
101010401	涂料顶棚	（3）平整度偏差不大于 2mm（使用 2m 长靠尺检查）。 （4）乳胶漆性能要求：VOC（挥发性有机化合物）含量不大于 100g/L	（3）应根据板的平整度用腻子找平，并用铝合金靠尺随时检查，阴阳角部位进行修补应使用弹线	 101010401-T2 涂料顶棚
101010402	吊顶顶棚（PVC 板）	（1）饰面板上的灯具、风口百叶等设备的位置合理、美观，与饰面板的交接吻合、严密。角缝吻合，表面平整，无翘曲、锤印。 （2）平整光滑，无裂纹，无磕碰。	（1）饰面材料的材质、品种、规格、图案和颜色符合设计要求和现行有关标准的规定。吊顶板板材需符合下列要求：板材热收缩率 0.3％；氧指数 35％；软化温度 80℃；燃点 300℃；吸水率 15％；吸湿率小于 4％；干状静曲强度大于 500MPa。龙骨为轻钢龙骨。 （2）吊顶宜事先预排，避免出现尺寸小于 1/2 的块料。 （3）吊杆、龙骨和饰面材料安装必须牢固。吊杆应采用预埋铁件或预留锚筋固定，在顶层屋面板严禁使用膨胀螺栓。 （4）吊杆间距不大于 1.2m，吊杆应通直并有足够的承载力。当吊杆需接长时，必须搭接焊牢，焊缝均匀饱满，并做防锈处理。吊杆距主龙骨端部不得超过 300mm，否则应增	 101010402-T1 吊顶龙骨安装

编号	项目/工艺名称	工艺标准	施工要点	图片示例
101010402	吊顶顶棚（PVC 板）	（3）平整度偏差不大于 2mm（使用 2m 长靠尺检查）；接缝直线度偏差不大于 3mm；接缝高低差不大于 1mm	设吊杆，以免主龙骨下坠，次龙骨（中龙骨或小龙骨，下同）应紧贴主龙骨安装。 （5）饰面板洁净、色泽一致，无翘曲、裂缝及缺损。压条应无变形、宽窄一致，压条宽度 30～50mm，安装牢固、平直，与吊顶和墙面之间无明显缝隙	101010402-T2 PVC 板吊顶
101010403	吊顶顶棚（铝扣板）	（1）表面平整度偏差不大于 2mm（使用 2m 长靠尺检查）；接缝直线度偏差不大于 1mm；接缝高低差偏差不大于 0.5mm。	（1）最大弹性变形量不大于 10%；塑性变形量不大于 2%；最大弯曲不小于 3‰；附着不低于 1 级；抗冲击强度不小于 5N·m。龙骨为轻钢龙骨，铝板烤漆。 （2）吊顶宜事先预排，避免出现尺寸小于 1/2 的块料。 （3）根据吊顶的设计标高在四周墙上弹线，弹线应清楚，位置准确，其水平允许偏差 ±5mm。 （4）沿标高线固定角铝，作为吊顶边缘部位的封口，常用规格为 25mm×25mm，其色泽应与铝合金面板相同，角铝多用水泥钉固定在墙、柱上。 （5）吊杆、龙骨和饰面材料安装必须牢固。吊杆应采用预埋铁件或预留锚筋固定，在顶	101010403-T1 吊顶龙骨安装

编号	项目/工艺名称	工艺标准	施工要点	图片示例
101010403	吊顶顶棚（铝扣板）	（2）吊顶四周水平偏差为±3mm	层屋面板严禁使用膨胀螺栓。 （6）主龙骨吊点间距按设计推荐系列选择，中间部分应起拱，龙骨起拱高度不小于房间面跨度的1/200。 （7）吊杆应通直并有足够的承载力。当吊杆需接长时，必须搭接焊牢，焊缝应均匀饱满，做防锈处理，吊杆距主龙骨端部不得超过300mm。 （8）安装方形铝扣板时，把次龙骨调直，扣板平整，无翘曲，吊顶平面平整误差不得超过5mm，饰面板洁净、色泽一致、无翘曲、裂缝及缺损。压条应无变形、宽窄一致，压条宽度30～50mm，安装牢固、平直，与吊顶和墙面之间无明显缝隙	101010403-T2 铝扣板吊顶
101010500	**建筑门窗**			
101010501	木门	（1）木门只限于室内，用于卫生间时，下部应设置通风百叶窗。 （2）门套表面应平整、洁净、线条顺直、接缝严密、色泽一致，无裂缝、翘曲及损坏。 （3）翘曲（框、扇）偏差不大于2mm；对角线长度差（框、扇）不大于2mm；表面平整度	（1）木材应选用一、二等红白松或材质相似的木材，夹板门的面板采用五层优质胶合板或中密度纤维板；油漆采用聚酯漆；使用耐水、无毒型胶粘剂。 （2）大于1.5m²的玻璃门应采用厚度不小于5mm的安全玻璃。宽度大于1m的木门，合页应按"上二下一"的要求安装，上面两个合页的间距应为300mm。合页安装前，门框与门扇应双面开槽，注意合页的安装方向。	101010501-T1 木门

续表

编号	项目/工艺名称	工艺标准	施工要点	图片示例
101010501	木门	（扇）偏差不大于2mm；裁口、线条结合处高低差（框、扇）偏差不大于0.5mm；相邻梃子两端间距偏差不大于1mm。 （4）门槽口对角线长度差不大于2mm；门框正、侧面垂直度偏差不大于1mm；框与扇、扇与扇接缝高低差不大于1mm；双扇门内外框间距偏差不大于3mm	（3）门应采用塑料胶带粘贴保护，分类侧放，防止受力变形。 （4）门装入洞口应横平竖直，外框与洞口应弹性连接牢固，不得将门外框直接埋入墙体。 （5）防腐处理：若设计无要求时，门侧边、底部顶部与墙体连接部位可涂刷如橡胶型防腐涂料或涂刷聚丙乙烯树脂保护装饰膜。 （6）有防水要求的门套底部应采取防水防潮措施。 （7）门框与墙体间空隙填充：门框与墙体间空隙采用发泡材料填充密实，门框外侧和墙体室外二次粉刷应预留5～8mm深槽口用硅酮耐候胶密封。门扇底部与地面间隙应为5～6mm	101010501-T2 门套底部防水防潮护套
101010502	钢板复合门、玻璃门、防火门	门槽口宽度、高度偏差不大于2.5mm；门槽口对角线长度差不大于5mm；门框的正、侧面垂直度偏差不大于3mm；门横框的水平度偏差不大于3mm；门横框的标高偏差不大于5mm，	（1）主材壁厚不小于1.5mm；玻璃门均采用中空钢化玻璃，单块玻璃面积在1.5mm²以上的应使用安全玻璃；五金件采用不锈钢材料。 （2）门应采用塑料胶带粘贴保护，分类侧放，防止受力变形。 （3）门装入洞口应横平竖直，外框与洞口应弹性连接牢固，不得将门外框直接埋入墙体。 （4）防火门或钢板复合门的钢框内应按照厂家要求灌充细石混凝土或水泥砂浆。	101010502-T1 钢板复合门

编号	项目/工艺名称	工艺标准	施工要点	图片示例
101010502	钢板复合门、玻璃门、防火门	门竖向偏离中心偏差不大于4mm；双扇门内外框间距偏差不大于5mm	（5）门框与墙体间空隙填充：门框与墙体间空隙采用发泡材料填充密实，门框外侧和墙体室外二次粉刷应预留 5～8mm 深的槽口用硅酮耐候胶密封。 （6）防火门应安装闭门器，双扇防火门还应装顺序器。 （7）施工时加强成品保护，不允许随意撕掉框表面所贴的保护膜。 （8）钢门门槛内侧顶面应与地面齐平。 （9）防火门的开启方向必须为疏散方向	 101010502-T2 玻璃门
101010503	塑钢门窗	（1）窗的抗风压性能、气密性能、水密性能、隔声性能、保温性能应满足设计图纸的要求。 （2）门窗槽口宽度、高度偏差不大于2mm；门窗槽口对角线长度差不大于3mm；门窗框的正、侧面垂直度偏差不大于3mm；门窗横框的水平度偏差不大于3mm；门窗横框的标高	（1）门窗框（扇）安装牢固，无变形、翘曲、窜角现象。 （2）门窗扇缝隙均匀、平直、关闭严密，开启灵活。推拉门窗必须设置防撞及防跌落装置。 （3）门窗框与墙体间缝隙填嵌饱满密实，涂胶表面平整、光滑、无裂缝，厚度均匀无气孔。 （4）推拉窗框槽轨内做溢水孔，溢水孔不小于 2 个，内外成一定坡度，以免积水。 （5）泡沫胶的充盈系数宜达100%，施工前窗台干净、干燥，不留灰尘、水分，便于黏接	 101010503-T1 塑钢窗

续表

编号	项目/工艺名称	工艺标准	施工要点	图片示例
101010503	塑钢门窗	偏差不大于 5mm；门窗竖向偏离中心偏差不大于 5mm；双扇门窗内外框间距偏差不大于 4mm	（6）砂浆层宜从塑钢窗边近乎 45°出发抹圆弧形，浇水养护，不得开裂。 （7）待粉刷、养护、干燥后，在窗外侧四周塑钢窗与砂浆结合处打硅酮耐候密封胶，压实使其表面光滑。 （8）推拉式窗户应加限位装置	 101010503-T2 塑钢窗
101010504	断桥铝合金门窗	（1）主材采用断热铝型材。受力杆件最小壁厚应不小于 1.4mm。 （2）表面处理：粉末喷涂，膜厚不小于 40μm；氟碳漆喷涂，膜厚不小于 30μm。 （3）门窗框（扇）安装牢固，无变形、翘曲、窜角现象。 （4）门窗扇缝隙均匀、平直、关闭严密、开启灵活；推拉门窗必须设置防撞及防跌落装置。 （5）窗的抗风压性能、气密性能、水密性能、隔声性能、保温性能应满足设计图纸的要求。	（1）门窗应采用塑料胶带粘贴保护，分类侧放，防止受力变形。 （2）窗安装完成后宜进行淋水试验。外窗台宜挑出墙面，且设滴水槽或滴水线。 （3）窗户安装顺序：先进行窗洞抹灰（窗洞口抹灰时，内窗台面应比外侧窗台高 10mm，外窗台抹灰预留 40mm 贴砖厚度），安装内窗台板，安装窗框，最后粘贴外墙面砖。 （4）门窗装入洞口应横平竖直，外框与洞口应弹性连接牢固，不得将门窗外框直接埋入墙体。 （5）门窗框与墙体间空隙填充：窗洞口应干净、干燥后连续施打发泡剂，一次成型、	 101010504-T1 断桥铝合金窗

编号	项目/工艺名称	工艺标准	施工要点	图片示例
101010504	断桥铝合金门窗	（6）密封条应安装牢固、密闭，转角45°处采用粘贴。 （7）玻璃：用厚度不小于5mm的中空玻璃（$A=12mm$），卫生间窗玻璃应采用磨砂型。 （8）门窗槽口宽度、高度偏差不大于1.5mm；门窗槽口对角线长度差不大于3mm；门窗框的正、侧面垂直度偏差不大于2.5mm；门窗横框的水平度偏差不大于2mm；门窗横框的标高偏差不大于5mm；门窗竖向偏离中心偏差不大于5mm；双扇门窗内外框间距偏差不大于4mm	充填饱满，溢出门窗框外的发泡剂应在结膜前塞入缝隙内，防止发泡剂外膜破损。留缝宽度为5～8mm，用硅酮耐候胶密封。 （6）推拉式窗户应加限位装置	 101010504-T2 断桥铝合金窗
101010600	**楼梯**			
101010601	楼梯栏杆（含临空栏杆）	（1）木材不得有腐朽、节疤、裂缝、扭曲等，含水率小于12％。 （2）栏杆垂直度偏差不大于2mm；栏杆间距偏差不大于3mm；扶手直线度偏差不大于3mm；扶手高度偏差不大于3mm。	（1）护栏安装必须牢靠，室外金属栏杆应可靠接地。 （2）安装木制扶手前，木制扶手的扁钢固定件应预先打好孔（间距控制在400mm内），再进行焊接。 （3）木制扶手安装应进行分段预装粘接，操作温度不得低于5℃。 （4）栏杆喷漆应尽量在工厂完成，现场只做补漆工作。现场补漆由生产厂家完成。	 101010601-T1 室内楼梯栏杆

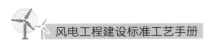
续表

编号	项目/工艺名称	工艺标准	施工要点	图片示例
101010601	楼梯栏杆 （含临空栏杆）	（3）栏杆表面光滑无毛刺，漆层厚度均匀。 （4）护栏高度、栏杆间距、安装位置必须符合设计要求。护栏必须牢固，大于24m时栏杆高度不低于1.1m，小于24m时栏杆高度不低于1.05m，栏杆底部设100mm高的挡板。楼梯踏步侧面应设挡水措施	（5）扶手施工时应做好成品保护，防止焊接火花烧坏地面；木制扶手安装完毕后，刷一道底漆后加包裹，以免撞击损坏和受潮变色	 101010601-T2 室内楼梯栏杆
101010602	楼梯防滑条	（1）防滑条应安装牢固，不得出现翘曲。突出地面的防滑条宜高出地面高度2～3mm，且高度一致。刻槽时，槽深3mm。 （2）防滑条安装应平直，距踏步边距离一致，直线偏差不大于2mm，高度偏差不大于1.5mm，且每个踏步应一致	（1）橡胶防滑条宜选用可积蓄光能的发光材料作为防滑条，而且应满足抗老化、耐磨损及膨胀等各种性能。 （2）铝合金防滑条铝材厚度应保证受力后不翘曲，同时与踏步紧密结合，铝合金防滑条防滑系数应不小于0.6。 （3）瓷砖防滑条要求防滑系数不小于0.6	 101010602-T1 楼梯防滑条

编号	项目/工艺名称	工艺标准	施工要点	图片示例
101010700	**建筑外墙面**			
101010701	外墙贴砖墙面	（1）瓷砖套割吻合，边缘整齐，粘贴牢固，无空鼓，表面平整、洁净、色泽一致，无裂痕和缺损。接缝应平直、光滑，填嵌应连续、密实。 （2）墙砖吸水率 E 不大于3%。 （3）墙砖破坏强度不小于1300N。 （4）墙砖背面应有燕尾槽。 （5）垂直度不大于3mm；平整度不大于2mm；阴阳角方正不大于2mm；接缝直线度不大于3mm；接缝高低差不大于1mm	（1）基层为砖墙时应清理干净墙面上残存的砂浆、灰尘、油污等，并提前一天浇水湿润；基层为混凝土墙时应剔凿外胀混凝土，清洗油污，太光滑的墙面要凿毛或刷界面处理剂。 （2）打底时要分层进行，第一遍抹后扫毛，待六七成干时，可抹第二遍，随即用木杠刮平，木抹搓毛，终凝后浇水养护。 （3）排砖保证砖缝均匀。 （4）选砖、浸砖、镶贴前应先挑选颜色、规格一致的砖，然后浸泡2h以上，取出控水后备用。 （5）镶贴时，在面砖背面满铺胶粘剂。 （6）分格条在使用前用水充分浸泡。完成一个流水段后，用专用勾缝剂勾缝，凹进深度为3mm。 （7）有抹灰与面砖相接的墙、柱面，应先在抹灰面上打好底，贴好面砖后再抹灰	101010701-T1 外墙贴砖墙面 101010701-T2 外墙贴砖墙面

续表

编号	项目/工艺名称	工艺标准	施工要点	图片示例
101010702	外墙涂料墙面	（1）涂料的纹路清晰，颜色均匀一致，无泛碱、流坠、咬色、刷痕、砂眼，弹性涂料点状分布应疏密均匀。 （2）耐洗刷性不小于3000次。 （3）耐老化性不小于3000h。	（1）基层处理：将墙面等基层上起皮、松动及鼓包等清除凿平。 （2）施工温度不得低于5℃。尽量选择风力不大于3级的天气施工。 （3）分格缝采用PVC条。缝应横平竖直，连接贯通，缝宽10mm。 （4）外墙涂料工程应分段进行，以分格缝、墙面阴角处作为分界线，同一建筑应用同一批型号的涂料。 （5）施涂前应清理周围环境，涂饰完成后及时做好成品保护，防止二次污染	101010702-T1 外墙涂料 101010702-T2 外墙涂料

编号	项目/工艺名称	工艺标准	施工要点	图片示例
101010800	踏步、坡道			
101010801	板材踏步	（1）踏步与建（构）筑物间应留置 20～25mm 宽变形缝，缝内杂物清除干净后，填充沥青砂，上部采用厚度不小于 5mm 的硅酮耐候胶封闭。 （2）板材破坏强度不小于 1500N。 （3）踏步高度不小于 150mm，宽度不小于 300mm；踏步高度差不大于 5mm，每个踏步两端宽度差不大于 3mm，表面平整度偏差不大于 2mm	（1）基层表面的浮土和砂浆应清理干净，有油污时，应用 10％工业碱水刷净，并用压力水冲洗干净。 （2）花岗岩缝隙宽度不大于 1mm。 （3）板块铺完 2d 后，使用 1∶1 水泥色浆勾缝。水泥色浆先按板材颜色要求在水泥中加入矿物颜料进行调制。 （4）板块铺完 24h 后，表面撒上干净锯末保护，喷水养护，时间不少于 7d。 （5）铺贴砂浆抗压强度达到 1.2MPa 时，方可上人进行操作，但必须注意油漆、砂浆不得放在板块上，铁管等硬器不得碰坏砖面层	101010801-T1 板材踏步 101010801-T2 板材踏步 101010801-T3 板材踏步

续表

编号	项目/工艺名称	工艺标准	施工要点	图片示例
101010802	细石混凝土踏步、坡道	（1）清水混凝土工艺，一次浇成不得二次抹面。 （2）面层表面洁净，无裂纹、脱皮、麻面和起砂现象。 （3）踏步、坡道齿角应整齐，防滑条应顺直。 （4）踏步与建（构）筑物间应留置 20～25mm 宽变形缝，采用硅酮耐候胶封闭。 （5）踏步高度差不大于 5mm，每个踏步两端宽度差不大于 5mm。表面平整度偏差不大于 2mm。 （6）坡道长宽尺寸度偏差不大于 10mm；表面平整度偏差不大于 2mm；坡道边角偏差不大于 3mm	（1）材料：宜采用普通硅酸盐水泥，强度等级不小于 42.5，质量要求符合现行 GB 175—2007《通用硅酸盐水泥》的规定。粗骨料采用碎石或卵石，当混凝土强度不小于 C30 时，含泥量不大于 1%；当混凝土强度小于 C30 时，含泥量不大于 2%，细骨料应采用中砂，当混凝土强度不小于 C30 时，含泥量不大于 3%；当混凝土强度小于 C30 时，含泥量不大于 5%。 （2）面层的混凝土强度等级应符合设计要求，且混凝土强度等级不小于 C20。 （3）细石混凝土地面面层要分三次压光成面。细石混凝土地面施工完成后至少要养护 7d	101010802-T1 细石混凝土踏步 101010901-T2 细石混凝土坡道

编号	项目/工艺名称	工艺标准	施工要点	图片示例
101010900	散水			
101010901	细石混凝土散水	（1）面层表面洁净，无裂纹、脱皮、麻面和起砂现象。 （2）宜采用清水混凝土施工工艺，一次浇制成型。 （3）踏步与建（构）筑物间应留置 20～25mm 宽变形缝，采用沥青砂填充，硅酮耐候胶封闭	（1）材料：宜采用普通硅酸盐水泥，强度等级不小于 42.5。粗骨料采用碎石或卵石，当混凝土强度不小于 C30 时，含泥量不大于 1%；当混凝土强度小于 C30 时，含泥量不大于 2%，现场坍落度为 45～75mm。 （2）基层回填土压实系数应满足设计要求，基层回填土内不得含有建筑垃圾或碎料。 （3）根据散水的坡向正确（向外坡 4%），严禁用砌砖代替模板。散水厚度不小于 150mm。 （4）缝宽 20～25mm，留缝宽窄整齐一致。纵向 3～4m 设分格缝一道，房屋转角处与外墙呈 45°角，分格缝宽 20mm，分格缝应避开雨落管，以防雨水从分格缝内渗入基础。 （5）一般采用平板式振捣器，振实压光，应随打随抹，一次完成，用原浆压光。 （6）待混凝土初凝时，用专用工具将散水外边沿溜圆、压光，用抹子压光混凝土面层，待混凝土终凝后有一定强度时，拆除侧模，起出分格条。 （7）成品混凝土应养护不少于 7d。养护期满后，分格缝内清理干净，填充沥青砂，用硅酮耐候胶封闭，填塞时分格缝两边粘贴 30mm 宽美纹纸，防止污染散水表面	101010901-T1 细石混凝土散水 101010901-T2 细石混凝土散水

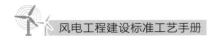

编号	项目/工艺名称	工艺标准	施工要点	图片示例
101011000	**建筑屋面**			
101011001	卷材防水	（1）屋面泛水高度：不小于250mm，泛水、雨水口、排气管、出屋顶埋管等细部泛水封闭严密。 （2）平屋顶屋面排水找坡3％，天沟、檐沟纵向找坡1％。找坡应准确，排水应通畅。 （3）水落口周围500mm范围内，天沟、檐沟的拐角处，泛水与屋面连接的阴角处均应设附加卷材。 （4）卷材防水屋面基层与突出屋面结构（女儿墙、立墙、屋顶设备基础、风道等），均做成圆弧，圆弧半径不小于100mm。内部排水的水落口周围应做成略低的凹坑。 （5）卷材长边搭接长度不小于100mm；短边搭接长度不小于150mm；采用两层以上防水时，严禁垂直粘贴。	（1）基层处理：施工前应检查设计排水坡度、方向；所有管道、避雷设施全部安装完毕，并通过验收；所有阴阳角、管根做成圆角；做好女儿墙及压顶、人孔、设备基础、泛水收口、挑檐或留槽，同时将验收合格的基层表面尘土、杂物清理干净，基层表面应坚实，无起砂、开裂、空鼓等现象，表面干燥、含水率不大于8％。铺设屋面防水卷材的找平层应设分格缝，分格缝纵横间距不大于3m，缝宽为20mm，并嵌填密封材料。分格缝的位置设在屋面板的支撑端，屋面转角处防水层与凸出屋面构件的交接处、防水层与女儿墙交接处等，应与板端缝对齐，均匀顺直。 （2）涂刷基层处理剂：按产品说明书配套使用基层处理剂，搅拌均匀，用长把滚刷均匀涂刷于基层表面上，常温经过4h后，开始铺贴卷材。 （3）铺贴附加层：防水层施工时，应先做好节点、附加层和屋面排水比较集中部位（如屋面与水落口连接处、檐口、天沟、檐沟、屋面转角处、板端缝等）的处理，然后由屋面最低标高处向上施工。铺贴天沟、檐沟卷材时，宜顺天沟、檐口方向，减少搭接。	101011001-T1 房屋防水基层施工过程 101011001-T2 房屋防水卷材铺贴施工过程

续表

编号	项目/工艺名称	工艺标准	施工要点	图片示例
101011001	卷材防水	（6）铺贴搭接宽度不小于100mm。平行于屋脊的搭接缝，应顺流水方向搭接；垂直于屋脊的搭接缝，应顺年最大频率风向搭接。搭接缝应错开，不得留在天沟或檐沟底部	（4）铺贴卷材：卷材的材质、厚度和层数应符合设计要求。泛水高度不小于250mm，屋面混凝土柱、墙、排气管等无挑檐部位的泛水上部应采用钢箍固定。铺贴卷材应采用与卷材配套的粘接剂。多层铺设时接缝应错开。搭接部位应满粘牢固，搭接宽度为100mm。末端收头用密封膏嵌填严密。 （5）蓄水试验：卷材铺设完毕后将屋面上灌水，蓄水深度应高出屋面最高点20mm，最少24h观察是否出现渗漏，如有渗漏及时处理。 （6）屋面保温层干燥有困难时，应采用排气措施，排气道应纵横交错、畅通，埋入卷材下面的管壁上应钻孔，最大间距不大于3m，应设置在不易被损坏和不宜进水的位置，上人屋面的卫生间排气管高度不小于2m	101011001-T3 房屋防水实际效果（有排气管） 101011001-T4 房屋防水实际效果（无排气管）

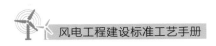
编号	项目/工艺名称	工艺标准	施工要点	图片示例
101011002	刚性防水	（1）细石混凝土防水层不得有渗漏或积水现象。细石混凝土防水层表面平整度偏差不大于 5mm。 （2）密封材料嵌填必须密实、连续、饱满，粘接牢固，无气泡、开裂、脱落等缺陷。 （3）密封防水接缝宽度的允许偏差为 ±10%，接缝深度为宽度的 0.5～0.7 倍。 （4）嵌填密封材料表面应平滑，缝边应顺直，无凸凹不平现象	（1）防水层不得有渗漏或积水现象。 （2）防水层表面应平整、压实抹光，不得有裂缝、起壳、起砂等缺陷。 （3）刚性防水砂浆应养护不少于 7d。 （4）刚性防水屋面应设置分隔缝（注：与女儿墙交接处必须设缝），缝纵横间距不大于 6m，缝宽为 20mm，并嵌填硅酮耐候胶	 101011002-T1 屋面刚性防水
101011003	建筑物雨篷	（1）雨篷梁应设为上翻梁，宽度同墙体；高度不小于雨篷翻边 50mm；框架结构雨篷梁长度至两侧框架柱为止，砖混结构雨篷梁长度至两侧结构（构造）柱为止或雨篷外边缘各 500mm。 （2）雨篷下口应设滴水线条和滴水线槽。滴水线条宽度为 50mm，厚度为 10～15mm；滴水线槽居于滴水线条正中，深度为 10mm，宽度为 10～	（1）混凝土强度需达到 100% 方可拆雨篷底模。 （2）雨篷应做 24h 蓄水试验，对发现的结构渗点（一般在施工缝、预埋件和预留管道四周、墙根部）采用水泥基型防水涂料进行多次涂刷处理。 （3）雨篷底板面采取细石混凝土或抗裂纤维砂浆找坡，内部阴角做半径 50mm 圆弧角处理，坡度为 2%，方向纵横朝排水口处。	101011003-T1 雨篷滴水线

编号	项目/工艺名称	工艺标准	施工要点	图片示例
101011003	建筑物雨篷	12mm，离墙面 20mm 处设置断水口。 （3）阴阳角方正偏差不大于 3mm；预留洞口中心线不大于 3mm，尺寸偏差不大于 3mm	（4）排水管口应有滤网，防止排水管堵塞。 （5）排水管宜采用 UVPC 管	 101011003-T2 雨篷排水
101011100	**建筑电气**			
101011101	吊杆式灯具	（1）应采用高效节能灯具，灯具及配件齐全，无机械损伤、变形、涂层剥落和灯罩破裂等缺陷，标识正确清晰。 （2）吊管内径 10mm，壁厚不小于 1.5mm，确保安装牢固，吊装安全。 （3）灯具满足防腐、防水等级 WF2，防护等级 IP66 的要求。 （4）照明方式应以直接照明为主，不应采用间接照明方式。吊管安装位置应避开主控制室	（1）吊管宜采用 DN15 镀锌钢管，安装吸盘采用铝合金材质、螺纹连接。 （2）吊杆式灯具应采用预埋接线盒、吊钩、螺钉等固定，安装牢固可靠，严禁使用木楔固定，每个灯具固定用的螺钉或螺栓不少于 2 个。吊杆选择时应按灯具重力的 2 倍做过载试验。 （3）灯具安装时应避开二次设备屏位、母线桥和开关柜，确保安装牢固，安装位置应在符合设计要求的情况下美观合理。	 101011101-T1 吊杆式灯具

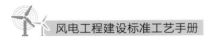

编号	项目/工艺名称	工艺标准	施工要点	图片示例
101011101	吊杆式灯具	和配电室的主梁、次梁，灯具安装时应避开二次设备屏位、母线桥和开关柜的正上方，布局美观合理。 （5）作为事故照明灯时，在明显部位作红色"S"标记。 （6）灯头对地距离，室外不小于2.5m，室内不小于2.4m	（4）成排灯具宜采用型材统一固定，避免出现不整齐现象	101011101-T2 吊杆式灯具
101011102	吸顶式灯具	（1）灯具及配件齐全，无机械损伤、变形、涂层剥落和灯罩破裂等缺陷。 （2）灯具安装牢固端正，灯具与顶面缝隙均匀，灯具清洁干净。 （3）作为事故照明灯时，在明显部位作红色"S"标记	（1）灯具不应布置在配电室梁上及有遮挡的位置，尽量保持同一平面布置，固定时用螺栓牢固连接，确保将灯具贴紧屋顶表面，灯具的灯箱完全遮盖住灯头盒。 （2）吸顶灯安装时应先将灯具的反光板固定在灯箱上，并将灯箱调整顺直。 （3）如果灯具安装在吊顶上时，应先在顶板上打膨胀螺栓，下设吊杆与灯箱固定好，严禁利用吊顶龙骨固定灯箱	101011102-T1 吸顶式灯具

续表

编号	项目/工艺名称	工艺标准	施工要点	图片示例
101011103	壁灯	（1）安装在室外的壁灯应有泄水孔，绝缘台与墙面之间应有防水措施。 （2）根据工程要求选定灯具的规格、型号，确定安装位置，距地高度不小于2.4m，并安装灯罩，否则可接近的裸露金属体需可靠接地。位于易受机械损伤场所的灯具，应加保护网，采用螺钉将底座固定在墙面上	（1）根据灯具的外形选择合适的底托，室外壁灯底托与墙面之间应增加防水胶垫。 （2）壁灯安装时把底托对正灯头盒，贴紧墙面，使其平正，用螺钉将灯具固定在底托上，最后配好灯泡、灯罩。 （3）壁灯安装严禁使用木楔固定，灯具接线应牢固。需接地、接零的灯具，非带电金属部分采用专用接地螺钉，并可靠接地	101011103-T1 壁灯
101011104	专用灯具	（1）应急照明采用LED、卤钨灯、荧光灯，在正常照明断电时可在几秒内达到标准流明值，灵敏可靠。应急照明灯的电源有正常电源和备用电源供电，选用自带电源型灯具。正常电源断电后电源转换时间：备用照明不大于15s，安全照明不大于0.5s。安装高度距顶棚800mm。 （2）疏散指示灯安装在楼梯间疏散走道及其转角处，距离地面1m以下的墙面上，不影响	（1）灯具禁止布置在蓄电池和开关柜正上方，安装完毕后要满足防爆要求，有爆炸危险的场所不应超过4盏，防爆灯具的安装位置应避开释放源，灯具及开关安装牢固可靠。蓄电池室的防爆灯控制开关应安装在蓄电池室外面。 （2）应急照明系统在每个防火分区应有独立的照明回路，穿越不同防火分区的线路有防火隔堵措施。	101011104-T1 疏散灯 101011104-T2 防爆灯

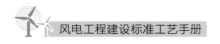

编号	项目/工艺名称	工艺标准	施工要点	图片示例
101011104	专用灯具	正常通行，标识识别方向正确。走道疏散标识灯的间距不大于20m	（3）淋浴间、卫生间等房间应安装防潮灯具和防水开关	101011104-T3 防潮灯
101011105	建筑室内、外配电箱、开关及插座	（1）同一配电室采用统一型号配电箱，箱体高度统一，配电箱安装在安全、干燥、易操作的场所，宜设置在房间出入口附近，方便人员操作且布置在房间隐蔽处，紧凑布置，安装高度为配电箱下沿距地面1.5m。 （2）插座应满足左零右火，两孔插座下零上火的要求；同一场所三相插座，接线相序一致；开关通断位置一致，操作灵活，接触可靠；有防爆要求的开关应设置在室外；外墙开关及插座应设置防雨罩。	（1）配电箱箱体应有一定的机械强度，两层底板的厚度不小于1.5mm，附有产品合格证。开关、插座应附有产品合格证，"CCC"认证标识，防爆型必须具有防爆标识。 （2）配电箱安装应将箱体的标高、水平尺寸控制好，箱体下沿安装高度应统一，箱体应固定牢靠。同一交流回路的导线必须穿于同一管内，不同回路、不同电压和交流、直流的导线，不得穿入同一管内。箱内设备应满足：断路器额定值大于被保护回路计算电流，线路载流量大于断路器额定电流。正常照明配电箱的零线应就近接地。 （3）开关安装在便于操作的出入口，位于进门开门侧。卫生间、淋浴间和室外开关应采用防水型。蓄电池室开关应设在室外。在有爆炸、火灾危险的场所，应选用防爆型开关。	101011105-T1 建筑室内配电箱 101011105-T2 建筑室内温控开关

编号	项目/工艺名称	工艺标准	施工要点	图片示例
101011105	建筑室内、外配电箱、开关及插座	（3）开关距地面 1.3m，距离门框边缘 200mm，开关位置与灯具位置相对应。同一室内采用相同型号开关，并列安装且安装高度一致，并列安装的接线开关的相邻间距不小于 20mm	（4）开关、插座安装时将盒内留出的导线（长度不小于 150mm）与开关插座的面板连接好，固定时要使面板端正。 （5）插座应避免和照明灯具接在同一分支回路，单相插座回路应采用三线制。插座安装时距地 300mm，淋浴间插座距地 1.8m，同一室内并列安装的插座安装高度一致。在有爆炸、火灾危险的场所，应选用防爆型开关。管路敷设时，不允许刻槽	101011105-T3 建筑室外开关
101011106	室内接地	（1）接地干线沿墙面敷设，与墙上的预埋件焊接固定，接地体与墙面平行，缝隙均匀。接地体的转角转弯处要提前采用机械冷弯成型，接地干线连接时采用焊接，扁钢与扁钢连接时，搭接长度应不小于其宽度的 2 倍，且至少有 3 个棱边焊接，安装可靠牢固。 （2）室内接地带布置高度，有活动地板的房间布置在活动地板下，无活动地板的房间布置在地面上 200mm 处（插座下方），外露接地线表面涂刷黄绿	（1）当设计无要求时，接地扁钢采用热浸镀锌。 （2）室内接地施工流程主要有：接地装置安装、接地网安装、接地电阻测试等。 （3）建筑物接地应和主接地网进行有效连接。暗敷在建筑物抹灰层内的引下线应有卡钉分段固定，主控室、高压室应设与主网相连的检修接地端子。 （4）明敷接地引下线及室内接地干线的支持件间距应均匀，水平直线部分为 0.5～1.5m，垂直直线部分为 1.5～3m，弯曲部分为 300～500mm。 （5）接地网遇门处拐角埋入地下敷设，埋深为 250～300mm，接地线与建筑物墙壁间的间隙宜为 10～15mm。接地干线敷设时，注意	101011106-T1 室内接地端子

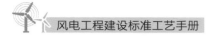

编号	项目/工艺名称	工艺标准	施工要点	图片示例
101011106	室内接地	相间条纹作为接地标识，条纹宽度为50mm。安装螺栓均匀牢固，接地材料横平竖直，接地标识清楚，接地端子应引入地面，便于使用。 （3）室内接地网需与站内主接地网有效接地，并埋设接地标识。接地干线应在不同的两点及以上与接地网相连接。 （4）便于检查，敷设位置不妨碍设备的拆卸与检修。 （5）变压器室、高压配电室的接地干线上应设置不少于2个供临时接地用的接线柱或接地螺栓	土建结构及装饰面。当接地线跨越建筑物变形缝时，应设补偿装置。 （6）接地线穿过墙壁、楼板和地坪处应加套管钢管或其他坚固的保护套。有化学腐蚀的部位还应采取防腐措施	 101011106-T2 室内接地端子
101011107	建筑物屋面避雷带	（1）屋面避雷带水平直线段平正顺直，弯曲段顺滑，无扭曲，距离女儿墙（屋面）高度不小于150mm。 （2）固定点支持件间距均匀，固定可靠。固定点间距按设计布置；设计未明确时，水平段固定点间距为0.5～1.5m，弯曲段固定点间距应为0.3～0.5m。 （3）引下线应暗敷。断接卡距离室外地面高度统一（1.5～	（1）屋面避雷带宜优先采用镀锌圆钢（直径按设计要求且不小于8mm）。施工前必须进行校正，无扭曲变形，镀锌层无破损。 （2）固定点支持件为镀锌圆钢，直径为8～10mm，也可采用成品件。 （3）避雷带搭接时宜将接地体搭接长度段用弯折机提前进行小弧度弯折，做到直线段中心线一致。焊缝饱满，焊渣清理干净并做两道红丹漆防腐，银粉漆罩面。	 101011107-T1 屋面避雷带

续表

编号	项目/工艺名称	工艺标准	施工要点	图片示例
101011107	建筑物屋面避雷带	1.8m），离建筑物边或转角处距离统一，应避开窗户、空调和落水管等，并便于检测。 （4）断接卡保护措施应采取暗敷断线盒。断线盒尺寸宜为300mm（高）×210mm（宽）×120mm（厚）。 （5）镀锌圆钢搭接为双面焊，搭建长度6D（D为圆钢直径）；镀锌扁铁搭接为三面焊，搭建长度2B（B为扁铁宽度）；镀锌圆钢与镀锌扁铁搭接为双面焊，搭建长度6D（D为圆钢直径）。焊缝应饱满无遗漏、无咬边	（4）固定点支持件为成品件时，应采取卡接固定牢靠。 （5）避雷带与引下线搭接按设计和规范要求进行焊接，焊缝饱满，焊渣清理干净，防腐同上。 （6）高于屋面的金属物件应与屋面避雷带可靠连接。 （7）断接卡采取镀锌扁铁连接，螺栓固定，镀锌扁铁、螺栓型号满足设计和规范要求。 （8）在垂直接地体敷设时，同步埋设断线盒	 101011107-T2 断接卡
101011200	**建筑通风**			
101011201	屋顶风机	（1）叶轮旋转平稳、无异常，停转后不应每次停留在同一位置上。 （2）固定风机的地脚螺栓应紧固，并有防松动措施。 （3）现场组装的风机叶片安装角度应一致，达到在同一平面内运转，叶轮与筒体之间的间隙应均匀，水平度允许偏差为1/1000。	（1）屋顶风机必须有可靠的防止雨、雪渗透。 （2）屋顶风机进出口应设活页门，设置有效的不锈钢材料防鸟网，网的孔径为15mm×15mm。 （3）屋顶风机外壳应能够承受当地室外最大风速所产生的破坏力的影响。 （4）屋顶风机应可靠接地，并有明显标识。 （5）屋顶风机安装的基础需高出屋面不小于250mm，表面要求平整，以防渗水漏水，	 101011201-T1 屋顶风机示例

续表

编号	项目/工艺名称	工艺标准	施工要点	图片示例
101011201	屋顶风机	（4）风机进出口的活页门运行时灵活打开，风机停运时，活页门关闭严密	预埋好地脚螺栓。 （6）风机底座与基础之间加垫一层5mm橡胶板，以减少振动，地脚螺栓应配有弹簧垫圈，防止使用时松动。 （7）安装时检查叶轮旋转方向是否正确。	
101011202	墙体轴流风机	（1）同一墙体安装轴流风机应尽量选择同一型号、厂家、规格的风机，安装时保证风机标高及外墙百叶窗尺寸一致。 （2）现场组装的轴流风机叶片安装角度应一致，达到在同一平面内运转，叶轮与筒体之间的间隙应均匀，水平度允许偏差为1/1000。叶轮旋转应平稳，停转后不应每次停留在同一位置上。 （3）通风机传动装置的外露部位以及直通大气的进、出口，必须装设防护罩（网）或采取其他安全设施。 （4）轴流风机外侧应设置防雨罩或固定防雨百叶窗，防雨百叶窗应加设防鸟隔网，并应可靠接地	（1）外墙为面砖时，轴流风机预留孔洞应根据面砖排版要求居中设置，且轴流风机外墙百叶窗尺寸为面砖尺寸的整数倍。 （2）安装前应详细检查风机是否有损坏变形，如有损坏变形，待修理妥善后，方可进行安装。 （3）安装时要注意检查各连接部分有无松动，叶片与风筒间隙应均匀，不得相碰。叶片安装角度一致，在同一平面内运转。 （4）连接风口管道的重量不应由风机的风筒承受，安装时应另加支撑	101011202-T1 蓄电池室内墙体轴流风机

续表

编号	项目/工艺名称	工艺标准	施工要点	图片示例
101011203	通风百叶窗	（1）风口装饰面的颜色应一致，无花斑现象。 （2）焊点应光滑牢固。 （3）设备选择时外观颜色尽量与安装外墙体颜色一致或协调色。同一墙体安装百叶风口应尽量选择同一型号、厂家、规格的，安装标高及尺寸一致（中心标高或者底标高一致）。 （4）百叶风口应防火、防沙尘、防雨水。内侧设置不锈钢防鸟隔网，孔径 15mm×15mm	（1）外墙为面砖时，百叶窗预留孔洞应根据面砖排版要求居中设置，且百叶窗尺寸为面砖尺寸的整数倍。 （2）安装前应详细检查百叶风口是否有损坏变形，如有损坏变形，待修理妥善后，方可进行安装。 （3）安装时要注意检查各连接部分有无松动，叶片间隙应均匀，不得相碰。 （4）百叶窗与墙体连接牢固，接缝严密无渗水，分清内外面、上下面	101011203-T1 通风百叶窗
101011300	**建筑空调**			
101011301	空调室内机布置	（1）选用壁挂式空调机组时，室内机安装于侧墙底标高不小于 1.80m。 （2）空调室内机安装牢固，并保持水平，满足冷却风循环空间要求，穿墙预理管高度低于空调冷凝出水位置高度，冷凝水排放畅通。管道穿墙处密封	（1）分体空调材质应满足国家相关规范要求，能耗等级不大于 3 级 （2）安装室内机时，穿墙预埋管高度低于空调冷凝出水位置高度，冷凝水管穿墙处应加护罩，防止冷凝水倒排。 （3）空调机安装于电气房间内时，空调送风口应避免正对电气盘柜。 （4）空调室内机不应放在防静电地板上。	101011301-T1 空调室内机布置

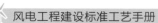

编号	项目/工艺名称	工艺标准	施工要点	图片示例
101011302	空调室外机布置	（1）室外机的托架与墙体用螺栓连接牢固，高低一致。 （2）室外机机体与托架螺栓连接牢固	（1）室外机组风机的前方距建筑物的距离应大于1.5m，机组后面及侧面的进风孔应处于室外，不要使进风气道受阻。 （2）室外机尽量放在屋顶或房屋背侧。 （3）室外机外壳应可靠接地。 （4）当室外机安装在基础上时，要确保基础的强度和水平度，避免产生振动和噪声，室外机安装时必须留出维修空间。 （5）空调基础周边与散水交接处应设变形缝，并用硅酮耐候胶封闭	 101011302-T1 空调室外机布置
101011400	**建筑给水**			
101011401	给水管道预留和预埋	安装在楼板内的套管，其顶部应高出装饰地面20mm，安装在卫生间及厨房的套管，顶部应高出装饰地面50mm，底部应与楼板底面相平。安装在墙壁内的套管其两端与装饰面相平。套管与管道之间应填充密实，端面光滑	（1）套管采用钢管和塑料复合管，钢套管应做防腐处理。 （2）室内给水管道与土建施工同步进行。 （3）管道穿过墙壁和楼板，应设置金属和塑料套管。套管应按图纸设计要求焊接止水环，此处混凝土要振捣密实，防止渗水。套管与管道之间的缝隙应采用阻燃密实材料和防水油膏填实，且端面光滑。 （4）管道穿越结构伸缩缝、抗震缝及沉降缝敷设时，应根据情况采取下列保护措施：	 101011401-T1 给水管道预留和预埋

续表

编号	项目/工艺名称	工艺标准	施工要点	图片示例
101011401	给水管道预留和预埋		1）在墙体两侧采取柔性连接； 2）在管道或保温层上下留有不小于150mm的净空距离。 （5）给水管道穿过地下室外墙或构筑物墙壁时，应采用防水套管。穿墙套管内的管道安装完毕后，应在两管间嵌入内衬填料，端部用密封材料填缝。柔性穿墙时，穿墙内侧应用法兰压紧。给水管道穿过承重墙或基础时，应预留孔洞并留足沉降量	101011401-T2 给水管道预留和预埋
101011402	室内给水管道	（1）塑料给水管在室内宜暗设。塑料给水管不得布置在灶台上边缘，立管距灶台边缘不小于400mm，距燃气热水器边缘宜不小于200mm。 （2）给水管道安装完成后表面无划痕及外力冲击破坏，介质流向标识清晰。 （3）管道接口应光滑平整，不得有气孔、裂缝、破损等缺陷。 （4）给水水平管应有2‰～5‰的坡度坡向泄水装置。	（1）给水管道不宜穿越伸缩缝、沉降缝、变形缝，如必须穿越时，应设置补偿管道伸缩和剪切变形的装置。 （2）管径不大于100mm的镀锌钢管应采用螺纹连接。给水塑料管可采用橡胶圈接口、粘接接口和热熔连接等，与金属管件、阀门等的连接应采用专门管件连接。 （3）室内给水管道上的各种阀门，宜装设在便于检修和操作的位置。阀门安装前应做严密性试验，试验应在每批数量中抽查10%，且不少于1个。直埋的金属给水管道防腐采用环氧煤沥青冷缠带普通防腐型，钢管明装防腐采用红丹底漆一道，银粉漆两道，还应做好防腐和保温。	101011402-T1 室内给水管道

编号	项目/工艺名称	工艺标准	施工要点	图片示例
101011402	室内给水管道	（5）室内给水管道的水压试验，给水管道系统试验压力为工作压力的 1.5 倍，且不小于 0.6MPa，15min 应不渗漏。 （6）生产给水管道系统在交付使用前必须冲洗和消毒，经检验符合 GB 5749—2006《生活饮用水卫生标准》相关要求。 （7）给水管道水平允许偏差为 2mm/m，垂直允许偏差为 3mm/m	（4）给水立管和装有 3 个或 3 个以上配水点的支管始端，均应安装可拆卸的连接件。 （5）给水管的安装应从总管入口开始，总管至水表井应有不小于 0.3％的坡度，坡向水表井。 （6）安装完成后做管道水压试验、系统通水试验，生活用水还应做冲洗和消毒，合格后方可隐蔽。 （7）给水管道支架加工尺寸正确，焊缝饱满，无飞边、毛刺，安装前应清除墙洞内灰尘，浇水湿润，将支架伸入墙上预留洞内，填塞 M15 水泥砂浆，要填塞饱满。 （8）穿墙套管内的管道安装完毕后，应在两管间嵌入内衬填料，端部用密封材料填缝。柔性穿墙时，穿墙内侧应用法兰压紧	 101011402-T2 室内给水管道
101011403	给水设备	（1）水箱溢流管和泄放管应设置在排水点附近，但不得与排水管直接连接。 （2）给水设备与建筑本体墙面的净距应满足施工的需要，无管道的侧面不宜小于 800mm，管道外壁与墙面的距离不宜小于 600mm。 （3）水泵基础高出地面的高度不小于 100mm。	（1）水泵基础施工时，螺栓等预埋件的规格、位置必须与水泵（给水设备）螺孔相符。 （2）水箱支架和底座安装时，要核对其尺寸及位置，埋设平整牢固。 （3）水箱溢流管和泄放管应设置在排水点附近但不得与排水管直接连接。 （4）电动机、给水设备的控制箱应有可靠接地，接地工艺应与站区接地工艺一致。 （5）给水设备安装允许偏差见下表：	101011403-T1 消防给水系统

编号	项目/工艺名称	工艺标准	施工要点	图片示例
101011403	给水设备	（4）水箱满水试验静置 24h 观察，不得有渗漏现象。 （5）给水设备应采取有效措施防止损坏和腐蚀	<table><tr><td>序号</td><td>项目</td><td colspan="2">允许偏差</td></tr><tr><td rowspan="2">1</td><td rowspan="2">静置设备</td><td>标高(mm)</td><td>±5</td></tr><tr><td>垂直度(mm)</td><td>5</td></tr><tr><td rowspan="2">2</td><td rowspan="2">水泵</td><td>立式泵体垂直度(mm/m)</td><td>0.1</td></tr><tr><td>卧式泵体垂直度(mm/m)</td><td>0.1</td></tr></table>	 101011403-T2 给水设备
101011500	**建筑排水**			
101011501	室内排水管道布置	（1）排水管道安装完成后光滑、无划痕及外力冲击破坏。 （2）排水管道水平允许偏差为 3mm/m，垂直允许偏差为 3mm/m	（1）排水管道必须采用与管材相适应的管件。 （2）排水管道不得穿过沉降缝、伸缩缝、变形缝。 （3）塑料排水管应避免布置在热源附近。 （4）室内排水管道与土建同步进行预留孔洞及预埋件的施工。 （5）排水塑料管必须按规范要求装设伸缩节、检查口。 （6）安装完成后做通水试验，满水排泄试验后进行通球试验。 （7）生活污水塑料管坡度要求见下表。	 101011501-T1 室内排水管道布置

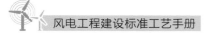

续表

编号	项目/工艺名称	工艺标准	施工要点	图片示例
101011501	室内排水管道布置		<table><tr><th>序号</th><th>管径（mm）</th><th>标准坡度（‰）</th><th>最小坡度（‰）</th></tr><tr><td>1</td><td>50</td><td>25</td><td>12</td></tr><tr><td>2</td><td>75</td><td>15</td><td>8</td></tr><tr><td>3</td><td>110</td><td>12</td><td>6</td></tr><tr><td>4</td><td>160</td><td>7</td><td>4</td></tr></table> （8）地漏、浴盆、盥洗池底部下水管应设存水弯，或采用其他防臭措施	
101011502	雨水管道敷设	（1）排水塑料管装设伸缩节。如设计无要求时，伸缩节间距不大于4m，排水口距地距离不大于200mm且高度一致。 （2）雨水斗、管的连接应固定在屋面的承重结构上，雨水斗与屋面的连接处应严密不漏。 （3）管道接口应光滑平整，不得有气孔、裂缝、破损等缺陷。	（1）雨水管道宜采用承压塑料管。 （2）雨水排水立管不宜少于2根。 （3）寒冷结冰地区外墙雨水立管需有防冻措施，以免管道冻结破裂。 （4）安装雨水管随抹灰架子由上往下进行，先在雨水斗口处吊线坠弹直线，采用管道专用卡具在墙上固定，间距1.2m。 （5）雨水管道的安装不得与生活污水管连接，室内暗装的雨水管道必须做灌水试验，灌水高度必须到每根立管上部的雨水斗。灌水试验持续1h，不渗不漏，雨水斗边屋面连接处严密不漏。	 101011502-T1 雨水管道暗排

编号	项目/工艺名称	工艺标准	施工要点	图片示例
101011502	雨水管道敷设	（4）雨水管道安装完成后表面光滑、无划痕及外力冲击破坏。 （5）雨水管道安装允许偏差不大于3mm/m	（6）雨水管应在外墙装修完成后再安装。 （7）雨水管道底层设置检查口，其中心高度距操作地面宜为1m。明排不需要设置检查口	 101011502-T2 雨水管道明排
101011503	地漏	（1）地漏应采用防臭型，设置在易溅水的器具附近地面的最低处，地漏顶面标高应低于地面5～10mm。 （2）地漏的安装应平正、牢固，低于排水表面，周边无渗漏，地漏水封高度不小于50mm	（1）地漏及密封连接件材质选用不锈钢或UPVC。 （2）卫生间、盥洗室、厨房及其他需经常从地面排水的房间，应设置地漏。 （3）施工时用水平尺和钢卷尺检查地漏的安装位置，使地漏与地面结合牢固。 （4）地漏设在整块地板砖中心，瓷砖四角切缝找泛水	 101011503-T1 地漏 101011503-T2 地漏

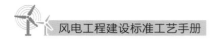

续表

编号	项目/工艺名称	工艺标准	施工要点	图片示例
101011504	卫生器具（含大便器、小便器、洗手池和拖布池）	卫生器具安装允许偏差见下表。 表格见下 	序号	项目		允许偏差
1	标高（mm）	单独器具	±15
		成排器具	±10
2	器具水平度（mm/m）		2
3	器具垂直度（mm/m）		3		（1）大便器宜采用自闭式冲洗阀蹲式大便器，小便器宜采用自闭式冲洗阀小便器。 （2）卫生器具本体与墙体或地面缝隙对称，连接处打密封胶。 （3）卫生器具各连接件不渗漏，排水顺畅。 （4）同一房间内，同类型的卫生器具及配件应安装在同一高度。 （5）卫生器具安装时应采取有效措施防止损坏和腐蚀。 （6）卫生器具交工前应做满水和通水试验，其工作压力不得大于产品的允许工作压力。 （7）卫生器具的支托架必须防腐良好，安装平整、牢固，与器具接触紧密、平稳	101011504-T1 卫生器具 101011504-T2 卫生器具

编号	项目/工艺名称	工艺标准	施工要点	图片示例
101011600	**建筑沉降观测**			
101011601	建筑物沉降观测点	（1）按照设计要求设置沉降点，保护完好，标识清晰、规范。 （2）安装高度统一离室外地坪 0.5m。 （3）沉降观测点位置与落水管错开，与落水管间距不小于 100mm。 （4）铭牌四周统一采用耐候胶进行打胶处理，宽度为 5mm。 （5）可采用有保护盒的方式，保护盒采用不锈钢材质，底部钻孔，防止积水	（1）材料为不锈钢或铜。端部采用球形或锥形。 （2）沉降观测点事先在浇筑柱子混凝土时进行预埋，统一安装高度。 （3）编号牌在外墙施工完毕后统一进行安装。 （4）沉降观测数据精度为 0.01mm	 101011601-T1 建筑物沉降观测点 101011601-T2 建筑物沉降观测点 101011601-T3 建筑物沉降观测点

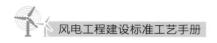

编号	项目/工艺名称	工艺标准	施工要点	图片示例
101020000	户外配电装置土建工程			
101020100	构架及基础			
101020101	构架梁	（1）钢构件无因运输、堆放和吊装等造成变形及涂层脱落。 （2）构架镀锌层不得有黄锈、锌瘤、毛刺及漏锌现象。 （3）钢梁排锌孔应在出厂前封闭。 （4）钢梁应按预起拱值进行地面组装	（1）主材钢管的对接环型焊缝，应安排熟练工人认真施焊，并抽样做射线探伤检查，以确保焊接质量。钢梁支座制作时应保证端部加劲肋与钢管环型焊缝的密闭性，主材钢管的所有环型焊接应保证密闭。 （2）钢梁及构件在搬运和卸车时，严禁碰撞和急剧坠落，并且在钢梁与运送车体之间加衬垫，以防构件变形及镀层脱落。 （3）组装时严格控制预起拱高度。重点检查组装工艺，螺栓紧固情况，螺纹严禁进入剪切面。 （4）钢管构架梁组装时连接牢固，无松动现象。 （5）起吊时要缓缓起钩，构架梁两侧挂牵引绳。 （6）构架吊装及找正严格控制误差，柱与梁组装经检验合格后再正式紧固。 （7）安装螺栓孔不允许用气割扩孔，永久性螺栓不得垫两个以上垫圈，螺栓外露丝扣长度不少于2～3扣。吊索角度不得小于45°。应用扭矩扳手紧固螺栓	101020101-T1 构架梁 101020101-T2 构架梁

续表

编号	项目/工艺名称	工艺标准	施工要点	图片示例
101020102	构架柱（钢管结构）	（1）构架镀锌层不得有黄锈、锌瘤、毛刺及漏锌现象。 （2）单节构件弯曲矢高偏差控制在 $L/1000$（L 为构件的长度）以内，且不大于 5mm，单个构件长度偏差不大于 3mm。 （3）柱脚底板螺栓孔径偏差控制在 ±0.5mm 以内，螺栓孔位置偏差不大于 1mm。 （4）构架接地端子高度及方向应统一。 （5）构架排锌孔应在出厂前封闭。 （6）构架柱法兰顶紧接触面不小于 75% 紧贴，且边缘最大间隙不大于 0.8mm	（1）构架进场时，应检查出厂合格证、安装说明书、螺栓清单等资料是否齐全。 （2）复测基础标高、轴线，检查预埋螺栓位置及露出长度等，超出允许偏差时，应做好技术处理。 （3）进场时检查钢柱镀锌质量、弯曲矢高等符合要求。钢柱在搬运和卸车时，严禁碰撞和急剧坠落。 （4）钢管构架柱组装时连接牢固，无松动现象，螺栓规格满足设计要求，并使用力矩扳手对称均匀紧固。螺栓紧固力矩应符合设计要求，力矩扳手使用前应进行校验。 （5）钢管构架柱吊装前根据高度、杆型、重量及场地条件等选择起重机械，并计算合理吊点位置、吊车停车位置、钢丝绳及拉绳规格型号等。 （6）当 A 型杆立起后必须设置拉线，拉线紧固前应将 A 型架构基本找正，拉线与地面的夹角不大于 45°	 101020102-T1 构架柱 101020102-T2 构架柱

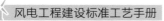

编号	项目/工艺名称	工艺标准	施工要点	图片示例
101020103	构架柱（环形混凝土电杆）	（1）环形混凝土电杆表面应平整光滑、色泽均匀，无蜂窝麻面、无明显模板接口。 （2）混凝土构架接地应垂直、美观、朝向一致，扁钢应按照构架柱分段长度截取，扁钢两端接头设置在构架柱钢圈位置。 （3）焊缝高度、长度符合规范，焊缝均匀，无咬边、夹渣、气孔等现象。 （4）环形混凝土电杆组装要求：长度偏差在±15mm以内；弯曲度小于3/2000杆长，且不大于25mm；结构根开偏差在±15mm之内；杆顶、钢帽平整度不大于5mm。 （5）环形混凝土电杆安装要求：中心线与定位轴线位移不大于10mm；杯底安装标高偏差在±5mm以内；垂直偏差小于3/2000混凝土杆长，且不大于25mm	（1）堆放时用道木垫起，构件不允许与地面直接接触，以免污染镀锌层，应按类别进行堆放，电杆堆放不得超过三层。 （2）复测基础标高、轴线，检查杯底标高，超出允许偏差时，应做好技术处理，进场时检查环形混凝土电杆质量、表面观感、弯曲矢高等应符合要求。 （3）环形混凝土电杆在搬运和卸车时，严禁碰撞和急剧坠落。 （4）带接地引下线的杆柱，吊装前应敷装接地扁铁，接地扁铁采用通长镀锌扁铁，与电杆两端钢圈搭接时紧贴、焊接，全长呈直线，其朝向应符合电气要求，接地色漆完整，所有爬梯、人字杆的钢横撑、栏杆均应与接地连接。 （5）当A型杆立起后必须设置拉线，拉线紧固前应将A型架构基本找正，拉线与地面的夹角不大于45°。 （6）构架柱校正合格后应清除杯口内的泥土或积水后进行二次灌浆，灌浆时用振捣棒振实，不得碰击木楔，并及时留置试块	0101020103-T1 构架柱 0101020103-T2 构架柱

续表

编号	项目/工艺名称	工艺标准	施工要点	图片示例
101020104	接地连接点	（1）设备区构架接地端子高度、方向一致，接地端子顶标高不小于 500mm（场平±0mm），且接地端子底部与保护帽顶部距离不小于 200mm。 （2）接地引下线沿构架正面引出，接地引下线引出方位与架构接地孔位置对应，并应露出保护帽。 （3）接地螺栓规格：接地排宽度 25～40mm，且不小于 M12 或 2×M10，接地排宽度 50～60mm，且不小于 2×M12，接地排宽度 60mm 以上，且不小于 2×M16 或 4×M10。 （4）接至电气设备上的接地线应采用镀锌螺栓连接。有色金属接地线可用螺栓连接、压接、放热焊接方式连接，用螺栓连接时应设置防松螺母或防松垫片，确保紧密牢固。 （5）接地网连接焊接处涂防腐漆，接地标示油漆色带为黄绿相间，接地标识颜色分割清晰，宽窄一致，美观统一	（1）设备区构支架接地端子的高度、方向应一致。 （2）接地扁钢煨弯时宜采用冷弯法，防止破坏表面锌层。 （3）支架连接要根据接地材料规格，确定连接点一般不少于 2 点，并且必须做导通试验。 （4）有地线柱构架应双接地，架构爬梯每段之间接地采用焊接或接地线连通；架构爬梯宜采用 U 形接地扁铁将爬梯本体与钢构架连通，或将爬梯本体与构架接地端子连接。 （5）支架接地扁铁宜平行于钢支架与接地端子连接，不再做鸭脖弯，否则钢构支架底部垂直接地扁铁与钢柱之间宜留间隙或加设绝缘材料，以便于接地电阻测试	 101020104-T1 接地连接点 101020104-T2 接地连接点 101020104-T3 接地连接点

编号	项目/工艺名称	工艺标准	施工要点	图片示例
101020105	变电构架基础	（1）基础表面光滑、平整、清洁、颜色一致。无明显气泡、无蜂窝、无麻面、无裂纹和露筋现象。 （2）模板接缝与施工缝处无挂浆、漏浆现象。 （3）地脚螺栓轴线偏差为0～2mm，垂直度偏差为0～1mm，标高偏差为0～1mm	（1）材料：宜采用普通硅酸盐水泥，强度等级不小于42.5。粗骨料采用碎石或卵石，当混凝土强度不小于C30时，含泥量不大于1%；当混凝土强度小于C30时，含泥量不小于2%。 （2）模板采用厚度15mm以上胶合板或工具式钢模板，表面平整、清洁、光滑。钢模板使用前表面须刷隔离剂。 （3）混凝土分层浇筑，分层厚度为300～500mm，并保证下层混凝土初凝前浇筑上层混凝土，以避免出现冷缝。振捣时尽量避免与钢筋及螺栓接触。 （4）混凝土顶标高用水准仪控制，表面用铁抹子原浆压光，至少擀压三遍完成。 （5）混凝土表面采取二次振捣法。 （6）基础混凝土应根据季节和气候采取相应的养护措施，冬期施工应采取防冻措施。 （7）若采用地脚螺栓连接： 1）螺栓定位采用独立支撑架，定型机加工孔洞套板，定位系统须有偏差微调措施。 2）混凝土浇筑前螺栓丝扣须包裹塑料布，基础施工完后丝扣需作防锈处理，并用柔性材料包裹后安装套管保护。 （8）若采用杯口基础：杯口模板采用拼装组合式木模板，浇筑时应从杯口四周均匀下料，保证其位置、垂直度正确	101020105-T1 变电构架基础 101020105-T2 变电构架基础

编号	项目/工艺名称	工艺标准	施工要点	图片示例
101020106	混凝土保护帽（地面以上部分）	（1）采用清水混凝土施工工艺，混凝土表面光滑、平整、颜色一致，无蜂窝麻面、气泡等缺陷。 （2）外部环境对混凝土影响严重时，可外刷透明混凝土保护涂料，用于封闭孔隙、延长耐久年限。 （3）外观棱角分明，线条流畅，外形美观，使用的倒角角线应坚硬、内侧光滑。 （4）全站保护帽的形式统一、高度一致	（1）材料：宜采用普通硅酸盐水泥，强度等级不小于42.5。粗骨料采用碎石或卵石，当混凝土强度不小于C30时，含泥量不大于1%；当混凝土强度小于C30时，含泥量不大于2%。细骨料应采用中砂，当混凝土强度不小于C30时，含泥量不大于3%；当混凝土强度小于C30时，含泥量不大于5%。 （2）浇筑前检查构支架接地或电缆保护管是否做好。 （3）基础混凝土顶与保护帽下部交接处须凿毛。 （4）采用定型钢模或胶合板，胶合板模板在下料过程中必须打坡角，接缝处粘贴海绵条。模板必须固定牢固，防止浇筑时发生位移。 （5）用φ30振捣棒插入振捣，或用振捣棒从模板外侧振捣，确保浇筑质量。 （6）保护帽顶部向外找坡5mm，以便排水。 （7）顶部做倒角时宜使用塑料角线。 （8）支架与混凝土接触面采用2～4mm柔性材料包裹，顶部与支架交接处宜采用硅酮耐候胶封闭	 101020106-T1 保护帽 101020106-T2 保护帽

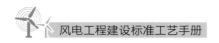

续表

编号	项目/工艺名称	工艺标准	施工要点	图片示例
101020107	独立避雷针	（1）钢构件镀锌层不得有黄锈、锌瘤、毛刺及漏锌现象。 （2）单节构件弯曲矢高偏差控制在 $L/1500$ 以内，且不大于5mm，单个构件长度偏差不大于3mm。 （3）接地端子高度及方向应统一。 （4）独立避雷针应至少对称两点接地。 （5）宜采用钢管式独立避雷针，独立避雷针及其接地装置与道路及建筑物出入口的距离不小于3m。当小于3m时，应做好均压措施	（1）钢柱在搬运和卸车时，严禁碰撞和急剧坠落。 （2）构件运输、卸车排放时组装场地应平整、坚实，按构件排杆图一次就近堆放，尽量减少场内二次倒运。排杆时将构件垫平、排直，保证每段钢柱不少于两个支点垫实。组装后对柱身长度、弯曲矢高进行测量。法兰的穿向由下至上，连接螺栓必须逐个对称紧固。 （3）吊装前根据高度、杆型、重量及场地条件等选择起重机械，并计算合理吊点位置、吊车停车位置、钢丝绳及拉绳规格型号等。在钢柱的吊点处宜采用合成纤维吊装带绕两圈，再通过吊装 U 形环与吊装钢丝绳相连，以保证对钢柱镀锌层的保护。 （4）起吊时要缓慢起钩，完全吊起后，插入地脚螺栓后将螺栓临时固定，同时收紧四周的缆风绳，确认缆风绳全部固定并使立柱保持垂直、螺栓紧固后，再松开吊钩。就位后应做好临时接地。 （5）校正合格后，将杆件和地脚螺栓全部紧固后方可拆除缆风绳。 （6）节与节之间连接可靠，接地连接和跨接应满足要求。 （7）采用插入式安装时，各段杆件间应进行可靠的电气跨接	101020107-T1 独立避雷针 101020107-T2 独立避雷针

续表

编号	项目/工艺名称	工艺标准	施工要点	图片示例
101020200	设备支架及基础			
101020201	设备支架（钢管结构）	（1）构架镀锌层不得有黄锈、锌瘤、毛刺及漏锌现象。 （2）单节构件弯曲矢高偏差控制在 $L/1000$（L 为构件的长度）以内，且不超过 5mm，单个构件长度偏差不大于 3mm。 （3）支架接地端子高度及方向应统一，接地端子顶标高不小于 500mm（场平±0mm）。 （4）隔离开关支架安装，其倾斜度应小于支架高度的 1.5‰。同轴误差不大于±15mm，水平误差不大于±10mm。同组水平误差不大于±5mm，同相水平误差不大于±1.5mm。 （5）TA、TV、CVT 和避雷器支架安装后，标高偏差不大于 5mm，垂直度偏差不大于 5mm，相间轴线偏差不大于 10mm，顶面水平度偏差不大于 2mm/m	（1）复测基础标高、轴线，检查预埋地脚螺栓位置及露出长度等，超出允许偏差时，应做好技术处理。 （2）支架进场时检查镀锌质量、弯曲矢高等符合要求。在搬运和卸车时，严禁碰撞和急剧坠落。 （3）支架柱吊装前根据高度、杆型、重量及场地条件等选择起重机械，并计算合理吊点位置、吊车停车位置、钢丝绳及拉绳规格型号等。宜采用合成纤维吊装带绕两圈，再通过吊装 U 形环与吊装钢丝绳相连，以确保对钢管支架柱镀锌层的保护。 （4）支架柱的校正采用两台经纬仪同时在相互垂直的两个面上检测，单杆进行双向校正，确保同组、同轴均在同一轴线上。校正合格后进行地脚螺栓的紧固或二次灌浆。支架组立时要考虑混凝土杆模板缝或钢管焊缝朝向一致，接地端子高度及朝向一致。 （5）支架柱校正合格后： 1）采用地脚螺栓连接方式时，地脚螺栓紧固后应将外露丝扣冲毛或涂油漆，以防螺栓松脱和锈蚀。 2）采用插入式连接方式时，应清理杯口内的泥土或积水后，进行杯口找平，支架柱校正合格后，进行二次灌浆，第一层灌至木楔以下，待终凝后去掉木楔再灌至杯口平面，并及时留置试块	 101020201-T1 设备支架 101020201-T2 设备支架

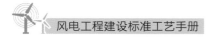

编号	项目/工艺名称	工艺标准	施工要点	图片示例
101020202	设备支架（混凝土结构）	（1）外观要求：混凝土电杆表面应平整光滑、色泽均匀，无蜂窝麻面、无明显模板接口、电杆钢圈处挡浆筋上部混凝土应完整，挡浆筋无锈蚀，外壁无露筋、跑浆、内表面混凝土塌落等现象、电杆不得出现纵向裂缝，横向裂缝的宽度不大于 0.1mm。 （2）混凝土设备支架安装要求：螺孔中心距偏差不大于 2mm，柱中心线对定位轴线位移不大于 10mm，上下柱接口中心线位移不大于 3mm，杆顶标高偏差±5mm。 （3）焊缝高度、长度符合规范，焊缝均匀，无咬边、夹渣、气孔等现象	（1）混凝土电杆在搬运和卸车时，严禁碰撞和急剧坠落。 （2）混凝土电杆焊接： 1）搁置电杆的道木应排放在平整、坚实的地方，以便排杆和焊接，避免杆段的接头处在基础上方。 2）在道木上的电杆用薄板垫平、排直，然后用小木楔两边临时固定。 3）钢圈对口找正，遇到钢圈间隙大小不一时应转动杆段；不得用大锤敲击电杆的钢圈，如还不能抿缝时可用气割处理，但应打出坡口，否则焊接质量难以保证，严禁填充焊接。 4）杆段全部校正后，应及时进行点焊固定，可沿周长三等分进行点焊，其位置应避开钢圈接缝。电焊的焊缝长度约为钢圈壁厚的 2～3 倍，高度不宜超过设计高度的 2/3。点焊所用焊条牌号应与正式焊接用的焊条牌号相同，施工中使用的电焊条应符合设计要求，严禁使用药皮脱落或焊芯生锈的焊条。 （3）设备支架接地扁钢与钢圈搭接时紧贴、焊接，全长呈直线，支架接地朝向统一。接地应设置便于电阻测试的断接点	101020202-T1 设备支架 101020202-T2 设备支架

编号	项目/工艺名称	工艺标准	施工要点	图片示例
101020203	现浇混凝土设备基础（电抗器、GIS等大体积混凝土）	（1）长度超过30m的GIS基础应设置后浇带。 （2）基础露出地面部分采用清水混凝土施工工艺。 （3）电抗器基础预埋铁件及固定件不能形成闭合磁回路。 （4）外露基础阳角宜设置圆弧倒角。 （5）基础顶面预留洞口或预埋件四角增加温度钢筋，防止应力集中出现裂缝。 （6）允许偏差： 1）GIS基础水平偏差±1mm/m，总偏差在±5mm范围内。GIS基础预埋件中心偏差不大于5mm，水平偏差±1mm/m，相邻基础预埋件水平偏差不大于2mm，整体水平偏差不大于5mm。 2）电抗器基础相间中心距离偏差不大于10mm，预埋件水平偏差不大于3mm，标高偏差0～−5mm。地脚螺栓中心偏差应不大于2mm，高度偏差0～10mm。	（1）材料：宜采用普通硅酸盐水泥，强度等级不小于42.5。粗骨料采用碎石或卵石，当混凝土强度不小于C30时，含泥量不大于1%；当混凝土强度小于C30时，含泥量不大于2%。细骨料应采用中砂，当混凝土强度不小于C30时，含泥量不大于3%；当混凝土强度小于C30时，含泥量不大于5%。掺和料宜采用二级以上粉煤灰。 （2）模板采用15mm厚度以上胶合板或其他大模板，表面平整、清洁、光滑。若模板表面光洁度无法达到要求时也可贴1mm厚PVC板。 （3）模板拼缝处加海绵条，板缝间要用腻子补齐。 （4）大型埋件制作安装要点： 1）钢板宜用等离子切割机下料，以控制变形，下料完毕用角向磨光机将钢板四周打磨光滑平整。 2）焊接锚筋采用中间向四侧扩散的顺序，并分次跳焊，以控制焊接变形。 3）电抗器基础相间中心距离 4）为防止埋件下空鼓，埋件钢板必须按要求设置排气孔（小边不小于300mm的埋件均应设置，排气孔中心距埋件边缘距离不大于200mm，排气孔纵、横间距不大于200mm，排气孔须设于相邻锚筋中间部位，排气孔需用电钻打眼，直径不小于30mm）。	 101020203-T1 设备基础（电抗器基础）

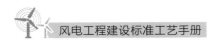

编号	项目/工艺名称	工艺标准	施工要点	图片示例
101020203	现浇混凝土设备基础（电抗器、GIS等大体积混凝土）	3）装配式电容器基础预埋件水平偏差不大于2mm，中心偏差不大于5mm	5）混凝土浇筑时从埋件四周振捣，直至埋件下气体及泌水排除干净。 （5）混凝土应进行热工计算，并根据季节和气候采取相应的养护及降温措施，冬期施工应采取防冻措施	
101020204	现浇混凝土设备基础（其他设备）	（1）采用清水混凝土施工工艺，表面平整、光滑，棱角分明，颜色一致，无蜂窝麻面，无气泡。 （2）基础露出地面部分阳角应设置圆弧倒角，半径为35mm。 （3）允许偏差： 1）断路器基础相间距离偏差不大于5mm，同相偏差不大于5mm。地脚螺栓中心偏差应不大于2mm，高度偏差0～10mm。 2）隔离开关设备基础同组中心偏差不大于5mm	（1）材料：宜采用普通硅酸盐水泥，强度等级不小于42.5。粗骨料采用碎石或卵石，当混凝土强度不小于C30时，含泥量不大于1%；当混凝土强度小于C30时，含泥量不大于2%。细骨料应采用中砂，当混凝土强度小于C30时，含泥量不大于3%；当混凝土强度小于C30时，含泥量不大于5%。 （2）模板采用15mm厚度以上胶合板，表面平整、清洁、光滑。若模板表面光洁度无法达到要求时也可贴1mm厚PVC板。 （3）模板拼缝处加海绵条，板缝间要用腻子补齐。 （4）振捣时尽量避免与钢筋及埋件或地脚螺栓接触，严禁与模板接触。 （5）混凝土顶标高用水准仪控制，表面用铁抹子原浆压光，至少擀压三遍完成。 （6）基础阳角做圆弧倒角时宜使用塑料角线。 （7）基础混凝土应根据季节和气候采取相应的养护措施，冬期施工应采取防冻措施	 101020204-T1 设备基础 101020204-T2 设备基础

编号	项目/工艺名称	工艺标准	施工要点	图片示例
101020205	杆头板	（1）钢构件无因运输、堆放和吊装等造成变形及涂层脱落。 （2）杆顶板镀锌层不得有黄锈、锌瘤、毛刺及漏锌现象。 （3）焊缝高度、长度符合规范，焊缝均匀，无咬边、夹渣、气孔等现象。 （4）杆顶板平整度偏差不大于5mm	（1）复测设备支架标高、轴线，超出允许偏差时，应做好技术处理，进场时检查钢构件质量、表面观感、镀锌质量等符合要求。 （2）混凝土电杆焊接：混凝土电杆的钢圈和杆顶板间对接均采用手工电弧焊，焊前应清除焊口及附近的铁锈及污物，施焊前应做好准备工作。杆顶板与钢圈对口找正，为防治杆顶板受热变形，应及时进行点焊固定，可沿周长三等分进行点焊，其位置应避开钢圈接缝。应采取有效降温措施，防止高温引起钢圈接头处混凝土的爆裂。电焊的焊缝长度约为钢圈壁厚的2～3倍，高度不宜超过设计高度的2/3。严禁使用药皮脱落或焊芯生锈的焊条	 101020205-T1 杆头板 101020205-T2 杆头板

编号	项目/工艺名称	工艺标准	施工要点	图片示例
101020206	混凝土支架接头防腐	（1）防护层干膜的厚度不小于0.8mm。 （2）表面的巴柯尔硬度不小于30。 （3）树脂包裹层表面色泽均匀、表面光滑、无毛刺，无纤维外露，无气泡、皱褶、起壳、脱层或龟裂、银纹、渗析等现象，涂层胶料饱满，钢管基层凸起的焊缝等处过渡圆滑	（1）金属表层处理：采用机械清除接头处锈蚀和混凝土浆，漏出完整钢圈，除锈至钢圈表面呈原金属本色，确保金属表面除锈等级达到St2级。 （2）底层涂料施工：采用环氧树脂、稀释剂、防锈漆按照比例配置打底防锈涂料，均匀涂刷一层防锈涂料于焊口表面，自然固化不宜少于24h。 （3）增强层施工：将配制好的树脂打底胶料薄而均匀地涂刷于底层表面，其厚度以满足施工粘接要求为准。随即缠绕玻璃纤维布，玻璃布应剪边，其宽度为纤维布以上、下边各覆盖水泥构件2cm为宜。增强层的厚度不小于0.4mm，每层自然固化时间不小于24h。 （4）三布四涂施工：按上述缠纤维布的程序贴三层纤维布。每缠绕一层玻璃纤维即刷一道环氧树脂，要求环氧树脂浸透纤维布。 （5）面层（耐候层）施工：在耐候层树脂中加入与环形混凝土电杆颜色相近的适量色浆进行着色，使色浆均匀。涂刷两遍以上时，待第一遍固化后，再涂刷下一遍。耐候层厚度不小于0.3mm	101020206-T1混凝土支架防腐接头

编号	项目/工艺名称	工艺标准	施工要点	图片示例
101020300	设备基础预埋件			
101020301	普通预埋件	（1）外露埋件采用镀锌件，表面洁净无锈蚀。 （2）预埋件与锚固钢筋焊接牢固。 （3）预埋件严禁有空鼓现象。 （4）允许偏差： 1）配电盘柜下预埋件：中心偏差不大于1mm/m，全长不大于5mm； 2）表面平整度偏差不大于1mm/m，全长偏差不大于5mm； 3）不平行度偏差不大于5mm，与混凝土表面的平整偏差不大于3mm	（1）各种焊接材料应妥善保管，防止锈蚀、受潮变质。 （2）钢板切割整齐，尺寸正确，下料完毕用角磨机将钢板四周打磨光滑平整。 （3）焊接锚筋采用中间向四侧扩散的顺序，并分次跳焊以控制焊接变形。 （4）埋件钢板检查变形超标时，用火焰结合机械方法校正。 （5）埋件安装用专用安装支架，安装支架要牢固可靠，有埋件微调措施。 （6）为防止埋件下空鼓，埋件钢板必须按要求设置排气孔： 1）小边不小于300mm的埋件均应设置，排气孔中心距埋件边缘距离不大于200mm。 2）排气孔纵、横间距不大于200mm，排气孔须设于相邻锚筋中间。 3）排气孔需用电钻打眼，直径不小于30mm。 4）混凝土浇筑时从埋件四周振捣，直至埋件下气体及泌水排除干净。 （7）埋件与混凝土结合部留置2～4mm宽的变形缝，深度与埋件厚度一致，并采用硅酮耐候胶封闭，防止设备安装焊接过程中，因埋件变形而引起的混凝土面层裂缝	 101020301-T1 普通预埋件 101020301-T2 普通预埋件

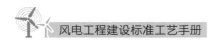

风电工程建设标准工艺手册

续表

编号	项目/工艺名称	工艺标准	施工要点	图片示例
101020302	设备支架接地连接点	（1）设备支架接地端子高度、方向一致，接地端子顶标高不小于500mm（场平±0mm），且接地端子底部与保护帽顶部距离不小于200mm。 （2）设备接地安装，接地引下线与设备支架连接时采用螺栓连接，接触面应严密无缝隙。重要设备应有2根与主接地网不同地点分别连接的接地点。每台电气设备应以单独的接地体与接地网连接，不得串接在一根引下线上。 （3）接地引下线露出地面部分应横平竖直，紧贴基础面，接地引下线拐角设10mm半径圆弧	（1）设备接地连接点高度一致，方向一致，扁铁平顺，接地标识颜色分割清晰。 （2）接地扁钢煨弯时宜采用冷弯法，防止破坏表面锌层。 （3）支架连接要根据接地材料规格确定连接点，一般不低于2点，并且必须做导通试验。 （4）支架接地扁铁宜平行于钢支架与接地端子连接，不再做鸭脖弯，否则钢构支架底部垂直接地扁铁与钢柱之间宜留间隙或加设绝缘材料，以便于接地电阻测试	101020302-T1 设备支架接地连接点
101020400	**主变压器**			
101020401	现浇混凝土主变压器基础	（1）基础采用清水混凝土施工工艺。表面平整、光滑，棱角分明，颜色一致，接槎整齐，无蜂窝麻面，无气泡。 （2）表层混凝土内宜设置钢筋网片。	（1）材料：宜采用普通硅酸盐水泥，强度等级不小于42.5。粗骨料采用碎石或卵石，当混凝土强度不小于C30时，含泥量不大于1%；当混凝土强度小于C30时，含泥量不大于2%。细骨料应采用中砂，当混凝土强度不小于C30时，含泥量不大于3%；当混凝土强度小于C30时，含泥量不大于5%。掺和料宜	

续表

编号	项目/工艺名称	工艺标准	施工要点	图片示例
101020401	现浇混凝土主变压器基础	（3）外部环境对混凝土影响严重时，可外刷透明混凝土保护涂料，封闭孔隙，延长使用年限。 （4）允许偏差：主变压器基础预埋件水平偏差不大于 3mm，相邻预埋件高差不大于 3mm	采用二级以上粉煤灰。 （2）模板采用厚度 15mm 以上胶合板，表面平整、清洁、光滑。若模板表面光洁度无法达到要求时也可贴 1mm 厚 PVC 板。 （3）模板拼缝处加海绵条，板缝间要用腻子补齐。 （4）混凝土分层浇筑，分层厚度为 300～500mm，并保证下层混凝土初凝前浇筑上层混凝土，以避免出现冷缝。振捣时尽量避免与埋件接触，严禁与模板接触。 （5）混凝土顶标高用水准仪控制，表面用铁抹子原浆压光，至少擀压三遍完成。 （6）大体积混凝土应进行温控计算，并根据季节和气候采取相应的养护及降温措施，做好测温工作，以便及时改进养护措施（内外温差不超过 25℃，内底温差不超过 20℃）。 （7）冬期施工应采取防冻措施，根据测温记录，当内外温度接近时，逐步减少保温层厚，尽量延缓降温时间和速度，充分发挥混凝土的应力松弛效应	 101020401-T1 现浇清水混凝土主变压器基础 101020401-T2 现浇清水混凝土主变压器基础

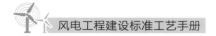

编号	项目/工艺名称	工艺标准	施工要点	图片示例
101020402	主变压器 混凝土油池	（1）油池壁采用清水混凝土施工工艺，表面光洁，横平竖直，颜色一致，无蜂窝麻面，无气泡。 （2）基础阳角设置圆弧倒角	（1）材料：宜采用普通硅酸盐水泥，强度等级不小于42.5，粗骨料采用碎石或卵石，当混凝土强度不小于C30时，含泥量不大于1％；当混凝土强度小于C30时，含泥量不大于2％。细骨料应采用中砂，当混凝土强度不小于C30时，含泥量不大于3％；当混凝土强度小于C30时，含泥量不大于5％。 （2）排油孔格栅采用钢制或玻璃钢材料。 （3）模板采用厚度15mm以上胶合板，表面平整、清洁、光滑且尽量使用整张板。若表面光洁度无法达到要求时模板表面也可贴1mm厚PVC板。 （4）模板拼缝处加海绵条，板缝间要用腻子补齐。 （5）基础阳角倒角时宜使用塑料角线。 （6）混凝土控制配合比，调好水灰比。 （7）混凝土表面采取二次振捣法。 （8）混凝土顶标高用水准仪控制，表面用铁抹子原浆压光，至少碾压三遍	101020402-T1 主变压器油池
101020500	**防火墙**			
101020501	混凝土框架 清水砌体防火墙	（1）基础上部钢筋混凝土梁、柱一次施工，不得抹灰修饰。 （2）填充墙砌筑灰缝横平竖直密实饱满，组砌正确，不应出现通缝，接槎密实，平直水	（1）材料：宜采用普通硅酸盐水泥，强度等级不小于42.5。粗骨料采用碎石或卵石，当混凝土强度不小于C30时，含泥量不大于1％；当混凝土强度小于C30时，含泥量不大于2％，细骨料应采用中砂，当混凝土强度不	

续表

编号	项目/工艺名称	工艺标准	施工要点	图片示例
101020501	混凝土框架清水砌体防火墙	平灰缝厚度和竖缝宽度宜为 10mm，且在 8～12mm 之间。 （3）顶部框架梁底应设置滴水线。 （4）墙身垂直度偏差不大于 $H/1000$（H 为防火墙高度），且不大于 30mm。墙顶标高偏差：±10mm。墙身截面尺寸偏差 −5～8mm；墙身表面平整度偏差不大于 8mm；墙体平整度偏差不大于 3mm。墙体垂直度偏差不大于 3mm	小于 C30 时，含泥量不大于 3%；当混凝土强度小于 C30 时，含泥量不大于 5%。掺和料宜采用二级以上粉煤灰。填充墙应采用节能环保砖。砖块采用优等品，砖块颜色均匀，规格尺寸偏差不大于 2mm。砂浆配制宜采用中砂。砂的含泥量不超过 5%，使用前过筛。 （2）框架柱模板宜选用厚度 15mm 以上胶合板或定型模板，采用对拉螺栓配合型钢围檩的加固方式。 （3）若柱边需倒角，宜使用塑料角线，角线与模板用胶粘贴紧密，无法粘贴的接触面处夹设双道海绵密封条，与模板挤紧，防止漏浆。 （4）钢筋在绑扎过程中，所有扎丝头必须弯向柱内，避免接触模板面。 （5）柱子浇筑分层连续浇筑，每层以 300～500mm 为宜，每小时混凝土浇筑高度不得超过 2m。 （6）模板拆除时混凝土强度需达到设计强度的 75% 以上，混凝土强度通过试压同条件试块评定	 101020501-T1 混凝土框架清水砌体防火墙 101020501-T2 混凝土框架清水砌体防火墙

编号	项目/工艺名称	工艺标准	施工要点	图片示例
101020502	现浇混凝土防火墙	（1）采用清水混凝土施工工艺。墙身钢筋混凝土一次施工，表面密实光洁，棱角分明，颜色一致，不得抹灰修饰。 （2）外部环境对混凝土影响严重时，可外刷透明混凝土保护涂料，用于封闭孔隙，防止大气的腐蚀，防止裂缝，延长耐久年限。 （3）墙身垂直度偏差不大于$H/1000$，且不大于30mm。墙顶标高偏差为±10mm。墙身截面尺寸偏差为−5～8mm；墙身表面平整度偏差不大于8mm；墙体平整度偏差不大于3mm。墙体垂直度偏差不大于3mm	（1）材料：宜采用普通硅酸盐水泥，强度等级不小于42.5。粗骨料采用碎石或卵石，当混凝土强度不小于C30时，含泥量不大于1％；当混凝土强度小于C30时，含泥量不大于2％。细骨料应采用中砂，当混凝土强度不小于C30时，含泥量不大于3％；当混凝土强度小于C30时，含泥量不大于5％。掺和料宜采用二级以上粉煤灰。 （2）若墙边需倒角，宜使用塑料角线，角线与模板用胶粘贴紧密，无法粘贴的接触面夹设双道海绵密封条，与模板挤紧，防止漏浆。 （3）宜采用对拉螺栓配合钢架管的加固方式（或螺栓两端采用小横档加橡皮垫），螺栓在混凝土内应使用两端有保护帽的套管，套管抵住侧模，以保证墙体的厚度正确。紧固对拉螺栓应用力得当，模板搭设过程中，用经纬仪进行观测，及时校正和加固。 （4）钢筋在绑扎过程中，所有铅丝头必须弯向墙内，避免接触模板面。 （5）模板拆除时防止对混凝土的碰撞，拆除后用水泥砂浆或金属片将螺栓孔封堵。 （6）模板拆除时混凝土强度需达到设计强度的75％以上，混凝土强度通过试压同条件试块评定。拆模后及时做成品保护。 （7）混凝土应根据季节和气候采取洒水或覆膜等相应的养护措施，冬期施工应采取防冻措施	101020502-T1 现浇清水混凝土防火墙 101020502-T2 现浇清水混凝土防火墙

编号	项目/工艺名称	工艺标准	施工要点	图片示例
101020503	砂浆饰面防火墙	(1) 分格缝的宽度和深度应均匀，表面光滑，棱角整齐，颜色一致。 (2) 抹灰层与基层粘接牢固，表面应光滑、洁净、颜色均匀、无抹纹。 (3) 立面垂直度偏差不大于3mm，表面平直度偏差不大于3mm，分格缝直线度偏差不大于3mm	(1) 材料：宜采用普通硅酸盐水泥，强度等级不小于42.5。粗骨料采用碎石或卵石，当混凝土强度不小于C30时，含泥量不大于1%；当混凝土强度小于C30时，含泥量不大于2%，细骨料应采用中砂，当混凝土强度不小于C30时，含泥量不大于3%；当混凝土强度小于C30时，含泥量不大于5%。填充墙应采用节能环保砖。外抹水泥一定要采用同品种、同批号进场的水泥，以保证抹灰层的颜色一致。 (2) 抹灰前应检查基体表面的平整，以决定其抹灰厚度。在大角的两面弹出抹灰层的控制线，以作为打底的依据。 (3) 若为混凝土基层，应对其表面进行"毛化"处理，其方法有两种：一种是用尖钻剔去光面，使其表面粗糙不平；另一种是用10%工业碱水除去混凝土表面的油污，将碱液冲洗干净并晾干后，涂抹界面砂浆，在界面砂浆表面稍收浆后再进行抹灰	101020503-T1 砂浆饰面防火墙
101030000	**户外场地工程**			
101030100	**围墙**			
101030101	清水砖墙	(1) 清水墙组砌正确，灰缝通顺，刮缝深度适宜、一致，棱角整齐，墙面清洁美观。	(1) 材料：宜采用普通硅酸盐水泥，强度等级不小于42.5。采用中砂，含泥量不大于5%，使用前过筛。采用MU10蒸压灰砂砖或粉煤灰砖，出釜时间最少1个月的优等品，砖块颜色均匀，规格尺寸误差不大于1mm，	

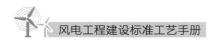
续表

编号	项目/工艺名称	工艺标准	施工要点	图片示例
101030101	清水砖墙	（2）变形缝设置间距不得大于 15m，缝宽为 25mm	砖块吸水率 15％。砌筑砂浆宜采用混合砂浆，强度等级不小于 M7.5，缝宽 10mm。清水砖勾缝采用 M15 的水泥砂浆。 （2）盘角：砌砖前架好皮数杆、盘好角，每次盘角不宜超过 5 皮。 （3）挂线：墙厚超过 360mm 采用双面挂线，挂线长度不得超过 20m。控制线要拉紧，每层砖砌筑时应扣平线，使水平缝保持均匀一致，平直通顺。 （4）砖砌体水平灰缝的砂浆饱满度不小于 80％。 （5）勾缝顺序为：从上而下，自左向右，先横后竖	101030101-T1 清水墙砌体
101030102	混水墙体	（1）砌块应平顺，不得出现破槎、松动。 （2）针对不同的墙体材料进行基面处理。 （3）变形缝设置间距不得大于 15m，缝宽 25mm。 （4）轴线位移不大于 5mm，平整度偏差不大于 3mm，垂直度偏差不大于 3mm	（1）材料：宜采用普通硅酸盐水泥，强度等级不小于 42.5。采用中砂，含泥量不大于 5％，使用前过筛。采用 MU10 蒸压灰砂砖、粉煤灰砖或混凝土砌块。 （2）砖砌体水平灰缝的砂浆饱满度不小于 80％。 1）转角处、交接处必须同时砌筑，必须留槎时应留斜槎。 2）砖垛应与墙同时砌筑，严禁采用包心砌筑法。 3）墙体留设变形缝应与基础变形缝位置、宽度一致，上下贯通。 （3）围墙勒脚三皮砖应采用 M15 防水砂浆粉刷	101030102-T1 砂浆饰面砌体（基层）

续表

编号	项目/工艺名称	工艺标准	施工要点	图片示例
101030103	围墙变形缝	（1）围墙变形缝宜留在墙垛处，缝宽 25mm，并与墙基础变形缝上下贯通。 （2）变形缝打胶顺直、弧度一致、美观清洁	（1）变形缝填充材料施工：中间填塞橡胶泡沫板，两侧各嵌 20～30mm 沥青麻丝、20mm 厚的发泡剂，然后用硅酮耐候胶封闭。 （2）硅酮耐候胶施工：变形缝两侧 2mm 处粘贴美纹纸；打胶成圆弧形状，内凹 3mm；待胶凝固后，拆除美纹纸，避免墙面污染	 101030103-T1 围墙变形缝
101030200	**道路及广场**			
101030201	站内道路	（1）道路缩、胀缝设置位置准确，缝壁垂直，缝宽一致，填缝密实；传力杆必须与缝面垂直。 （2）路面平整密实、色泽均匀，无脱皮、裂缝、损坏、麻面、起砂、污染。 （3）路面泛水坡度正确，无积水。 （4）路面宽度偏差±5mm。路面平整度偏差不大于 3mm。纵坡标高±3mm。横坡度±0.2%。纵缝顺直度不大于 3mm。横缝顺直度不大于 2mm。	（1）材料：宜采用普通硅酸盐水泥，强度等级不小于 42.5。粗骨料采用碎石或卵石，当混凝土强度不小于 C30 时，含泥量不大于 1%；当混凝土强度小于 C30 时，含泥量不大于 2%；细骨料应采用中砂，当混凝土强度不小于 C30 时，含泥量不大于 3%；当混凝土强度小于 C30 时，含泥量不大于 5%。 （2）模板采用钢制倒圆角定型模板。 （3）面层施工：振捣，首先采用插入式振捣棒按顺序插振一次，然后用振动梁进一步拖拉振实并初步整平；混凝土水分略干后，面层掺加耐磨粉，然后用磨浆机磨面。待混凝土表面无水膜时进行第一遍人工压光。开始凝结即进行分遍抹压面层。路面压光至少	 101030201-T1 站内道路（一）

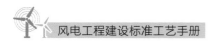

续表

编号	项目/工艺名称	工艺标准	施工要点	图片示例
101030201	站内道路	（5）在道路交接处及转弯处，缝与缝之间及缝与道沿之间不得出现小于90°角的缝	为四遍。混凝土表面无明水后，用刷子蘸水按横向轻刷一遍，使其面层颜色一致。 （4）路面胀、缩缝设置。灌缝：胀缝应与路面中心线垂直；缝壁上下垂直，缝宽一致，上下贯通，缝中不得连浆，灌缝采用沥青砂填充至路面下20mm，表面采用硅酮耐候胶封闭；在确保不缺边掉角的情况下，尽早切割，缝深为路厚的1/3。灌注高度，夏天宜与板面齐平，冬天宜低于板面1～2mm。 （5）胀缝传力杆设置：胀缝处的传力杆，施工前将沥青涂上280mm，传力杆长度的一半穿过端部挡板，固定于外侧定位模板中。 （6）路面养护：路面一直保持湿润状态，养护期为14天。路面养护期间严禁行人、车辆在上面走动；混凝土强度达到要求后方可通行，且初期通行速度不得大于5km/h，防止车辆刹车破坏或污染道路面层	 101030201-T2 站内道路（二）
101030300	**设备区场地**			
101030301	碎石场地	（1）碎石色泽一致，级配优良，粒径10～20mm。灰土中粒径大于20mm的土块不得超过10%，但最大的土块粒径不得大于50mm，色泽调和，石灰中严禁含有未消解颗粒。	（1）一般土场地采用素土夯实，夯实前场地耕植土应清除。 （2）耕植土挖除：场地平整前，先清除300mm厚耕植土。挖除后的耕植土应外运、处理，不得堆放在施工现场；松软基层应夯实平整。	

续表

编号	项目/工艺名称	工艺标准	施工要点	图片示例
101030301	碎石场地	（2）碎石铺设厚度均匀、平整，色泽一致，级配优良	（3）找标高、弹线：基层施工完成后，根据建筑物已有标高、碎石场地的设计标高和坡度，打控制木桩（或钢筋棍）；用水准仪抄平后，在设备基础、电缆沟外壁、构架柱等部位弹出碎石厚度控制线。 （4）碎石铺设：按照图纸设计厚度（控制线）人工铺设碎石。分段铺设，铺设厚度应均匀、到位、平整。 （5）碎石与其他场地接茬处采用小道沿或吸水砖分隔	 101030301-T1 碎石下三七灰土 101030301-T2 碎石场地
101030400	水工构筑物			
101030401	雨水井	（1）雨水井规格、尺寸、位置正确，与路面结合平顺，排水畅通。	（1）材料：宜采用普通硅酸盐水泥，强度等级不小于42.5。砂采用中砂，含泥量不大于5%，使用前过筛。采用MU15蒸压灰砂砖、混凝土砖。	

编号	项目/工艺名称	工艺标准	施工要点	图片示例
101030401	雨水井	（2）轴线位移不大于5mm，平整度偏差不大于3mm，井圈高程应比地面低10～20mm，井圈与井壁吻合偏差不大于10mm	（2）站内道路在设备区设置排水口，排水口周围1m范围地坪应顺坡向排水口，坡降高差10～15mm。井室采用直筒式。 （3）雨水井垫层与管道基础混凝土同时浇筑。道路上雨水口采用临时井盖：C25混凝土，厚度不小于150mm，配筋双向f10mm、间距150mm。 （4）若有地下水时，井壁外侧抹水泥砂浆高出地下水位500mm。井基础下铺卵石层。 （5）井内流槽宜在井壁砌筑至管顶以上时进行砌筑。 （6）预留支管应随砌随留，其管径、方向、高程应符合工艺标准，管与井壁接触处用砂浆灌满，不得漏水，预留管口宜用砂浆砌筑封口抹平。 （7）在二次浇筑路面前，雨水箅子井圈按照路面标高，用C20混凝土坐浆找平，固定牢靠。 （8）道路外雨水井应增加细石混凝土泛水现浇带	101030401-T1 雨水井 101030401-T2 雨水井

续表

编号	项目/工艺名称	工艺标准	施工要点	图片示例
101030402	检查井	（1）检查井规格、尺寸、位置正确，兼顾排水功能的检查井与地面结合平顺，排水畅通。 （2）井圈与井壁吻合偏差不大于 10mm；井圈平整度偏差不大于 3mm；井圈高程应比路面低 10mm；井内管口与井墙齐平	（1）材料：宜采用普通硅酸盐水泥，强度等级不小于 42.5。采用中砂，含泥量不大于 5%，使用前过筛。采用 MU15 蒸压灰砂砖、混凝土砖、页岩砖。 （2）井圈和井盖采用复合材料，当检查井兼做雨水井时，井盖上的泄水口应随井盖预制一次成型，严禁在成品井盖上钻孔。 （3）垫层：检查井垫层与管道基础垫层混凝土同时浇筑。 （4）若有地下水时，检查井壁外侧抹防水砂浆。 （5）砌筑：砌筑圆形检查井时，应随砌随检查直径尺寸；当需要收口时每次收进不大于 30mm，如三面收进每次最大部分不大于 50mm；检查井内流槽宜在井壁砌筑至管顶以上时进行砌筑；井内爬梯（应做防腐）随砌随安，位置准确；混凝土井壁爬梯在预制或现浇时安装就位；检查井预留支管应随砌随装，其管径、方向、标高应符合设计要求。管与井壁接触处用砂浆灌满，不得漏水。预留管口宜用砂浆砌筑封口抹平；检查井接入圆管，管顶应砌砖拱。 （6）抹灰：井壁和流槽抹面时，应按要求分层操作，搽光压实	 101030402-T1 检查井 101030402-T2 检查井

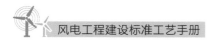

续表

编号	项目/工艺名称	工艺标准	施工要点	图片示例
101030500	电缆沟			
101030501	砖砌体沟	（1）电缆沟顺直，无明显进水；沟底排水畅通，无积水。 （2）沟道中心线位移偏差不大于 10mm；沟道顶面标高偏差－3～0mm；沟道截面尺寸偏差不大于 3mm；沟侧平整度偏差不大于 3mm	（1）材料：宜采用普通硅酸盐水泥，强度等级不小于 42.5。采用中砂，含泥量不大于 5％，使用前过筛。粉刷应使用含泥量小于 2％、细度模数不小于 2.5mm 的中粗砂。采用 MU10 蒸压灰砂砖、混凝土砖、页岩砖。 （2）伸缩缝间距采用 9～15m，中间填塞橡胶泡沫板，两侧各嵌 20～30mm 沥青麻丝、20mm 厚的发泡剂，然后用硅酮耐候胶封闭。 （3）砌筑砂浆采用 M15 水泥砂浆，灰缝宽度为 8～12mm。砌体水平灰缝的砂浆饱满度不得小于 80％。 （4）沟壁砌筑临时间断处应砌成斜槎，斜槎水平投影长度不小于高度的 2/3。 （5）砌体砌筑时需按照电缆支架固定螺栓位置，沿电缆沟壁浇筑两道 C15 细石混凝土带（宽同沟壁，高 100mm）或安装预制混凝土块（带埋件），便于电缆支架固定。 （6）粉刷必须内外分层进行，严禁一遍完成。每层厚度宜控制在 6～8mm。 （7）沟壁内侧及沟壁顶面抹灰层应竖向留置温度伸缩缝，间距为 3m，采用镶贴分格条。 （8）室外温度低于 5℃时，不宜进行室外粉刷。	101030501-T1 砖砌电缆沟 101030501-T2 预制电缆沟压顶

编号	项目/工艺名称	工艺标准	施工要点	图片示例
101030501	砖砌体沟		（9）预制压顶坐浆 10～20mm，拉线找平安装。缝宽 15mm，M15 防水砂浆嵌缝。 （10）变形缝按要求完成嵌缝施工后，进行土方回填	
101030502	现浇混凝土沟	（1）沟沿阳角倒圆。 （2）接地扁铁与支架连接可靠。 （3）沟壁在电缆沟转角处、交叉处宜增加钢筋混凝土（槽钢）过梁。	（1）材料：宜采用普通硅酸盐水泥，强度等级不小于 42.5。粗骨料采用碎石或卵石，当混凝土强度不小于 C30 时，含泥量不大于 1%；当混凝土强度小于 C30 时，含泥量不大于 2%。细骨料应采用中砂，当混凝土强度不小于 C30 时，含泥量不大于 3%；当混凝土强度小于 C30 时，含泥量不大于 5%。掺和料宜采用二级以上粉煤灰。 （2）伸缩缝间距 9～15m，中间填塞橡胶泡沫板，两侧各嵌 20～30mm 沥青麻丝、20mm 厚的发泡剂，然后用硅酮耐候胶封闭。 （3）沟壁模板安装：电缆沟宜采用定型钢模。如采用木模板用 18mm 木胶合板方木背楞（方木应过刨，控制尺寸），$\phi50$ 钢管加固。钢管竖、横杆间距不大于 600m。 （4）混凝土浇筑：沟壁两侧应同时浇筑，防止沟壁模板发生偏移。振捣棒移动距离一般在 300～500mm，每次振捣时间一般控制范围为 20～30s，以混凝土表面呈现水泥浆和混凝土不再沉陷为准。 （5）变形缝留置：原则上将施工缝留置于	 101030502-T1 现浇混凝土电缆沟 101030502-T2 现浇混凝土电缆沟

编号	项目/工艺名称	工艺标准	施工要点	图片示例
101030502	现浇混凝土沟	（4）沟壁垂直度偏差不大于3mm；沟壁表面平整度偏差不大于3mm	变形缝处；两次混凝土沟壁之间支模用15mm泡沫板分隔。 （6）混凝土沟壁顶标高需用水准仪控制，表面用铁抹子原浆压光，至少碾压三遍完成。 （7）电缆沟宜设排水内沟，排水沟截面直径80～100mm。排水横坡、纵坡坡度及排水走向，横坡为2％、纵坡0.3％～0.5％，并预留与站区排水主网连接的管道。 （8）镀锌接地扁铁敷设：接地扁铁与电缆支架间采用焊接可靠连接。 （9）变形缝完成嵌缝施工后，进行土方回填。 （10）接地扁铁过变形缝时应做成Ω形	
101030503	预制电缆沟盖板	（1）电缆沟盖板角钢框规格与电缆沟盖板厚度匹配。 （2）盖板外观质量表面应平整，无扭曲、变形、色泽均匀。盖板安装平稳、顺直。 （3）沟道盖板钢边框偏差：长度±2mm，宽度±2mm，对角线不大于2mm。	（1）材料：宜采用普通硅酸盐水泥，强度等级不小于42.5；采用中砂，含泥量不大于5％，使用前过筛。 （2）预制盖板：采用清水混凝土工艺，工厂化制作，先加工样品后大面积施工。 （3）角钢边框制作：根据边框放样尺寸，由专人进行角钢画线切割，角钢两头切割45°。 （4）在混凝土终凝前进行不少于3遍压光，压光后表面无抹痕，严禁有凹坑、砂眼等现象。浇筑完成后，清除边框四周混凝土及砂浆。	 101030503-T1 盖板角钢框固定 （倒扣法）

编号	项目/工艺名称	工艺标准	施工要点	图片示例
101030503	预制电缆沟盖板	（4）沟道盖板偏差：长度±3mm，宽度±3mm，厚度±2mm，对角线不大于3mm，表面平整度不大于3mm	（5）养护：常温下，混凝土盖板浇筑完成12h后，表面覆盖薄膜，浇水养护不少于7d。 （6）盖板安装：运输时应考虑盖板受力方向。将盖板搁置在电缆沟上，电缆沟两头采用经纬仪每20m左右定点。拉线调整盖板顺直及平整度	 101030503-T3 室外电缆沟盖板
101030600	**场区灯具**			
101030601	场区普通灯具	（1）灯具外观需完整、光洁、无锈蚀和明显划痕；防护层牢固，色泽均匀，无色差；内壁及端口的无毛刺，结构稳固，不变形。 （2）固定灯具带电部件的绝缘材料以及提供防触电保护的绝缘材料，应耐燃烧和防明火。 （3）照明灯的导线：其耐电等级不低于交流500V，耐温105℃。导线线芯最小截面面积：铜芯软导线不小于1mm²，且接头处做搪锡处理。 （4）金属外壳设专用接地端子	（1）在电源线进入灯具进线孔处应套上金属软管以保护导线。 （2）连接灯具的软线盘扣、搪锡压线，当采用螺口灯头时，相线接于螺口灯头中间的端子上。 （3）高低压配电设备及裸母线的正上方不应安装灯具。 （4）金属构架和灯具的可接近裸露导体及金属软管的接地（PE）或接零（PEN）可靠，且有标识。 （5）灯具构架应固定可靠，地脚螺栓拧紧，备帽齐全；灯具的螺栓紧固、无遗漏。灯具外露的电线或电缆应有柔性金属导管保护。 （6）通电试验：单体灯具及各条支路的绝缘电阻摇测合格后，方能通电。通电运行24h无异常现象	 101030601-T 场区照明灯具

续表

编号	项目/工艺名称	工艺标准	施工要点	图片示例
101030700	**照明接地装置安装**			
101030701	照明灯具接地	（1）铜线鼻与地网连接面应焊接或拴接；拴接时，接触面应搪锡。 （2）接地应明敷，接地标识漆应采用磁性漆，防止脱落褪色现象，使标识漂亮醒目，黄绿间距一致。 （3）室外灯座必须高于地面100mm，灯杆明显接地	（1）室外灯座必须明显接地，并有接地标识。 （2）根据灯具型号及相关规定选取配套截面积的专用接地软线或接地扁铁。 （3）专用接地软线与扁钢或铜排连接时软线两端应压制线鼻，采用自攻螺栓保证其可靠连接。 （4）所有接地扁铁焊接头应放置地面以下，保持整体观感。 （5）明敷接地应事先平整，选用较平直的扁钢进行冷弯加工，表面不应有磕痕	 101030701-T 场区灯具扁铁接地

第 2 篇

变电站电气工程

编号	项目/工艺名称	工艺标准	施工要点	图片示例
201010000	主变压器系统设备安装工程			
201010100	主变压器安装工程			
201010101	主变压器、油浸式电抗器安装	（1）基础（预埋件）中心位移不大于 5mm，水平度误差不大于 2mm。 （2）防松件齐全完好，引线支架固定牢固、无损伤；本体牢固稳定且与基础吻合。 （3）附件齐全，安装正确，功能正常，无渗漏油现象，套管无损伤、裂纹。安装穿芯螺栓应保证两侧螺栓露出长度一致。 （4）引出线绝缘层无损伤、裂纹，裸导体外观无毛刺尖角，相间及对地距离符合规范要求。	（1）在基础上画出中心线。主变压器、油浸式电抗器的中心与基础中心线重合。 （2）就位后检查三维冲撞记录仪，记录、确认最大冲击数据并办理签证，记录仪数值满足制造厂要求，最大值不超过 3g，原始记录必须留存建设管理单位。 （3）充气运输的变压器、油浸式电抗器在运输和现场油箱内应保持为正压，其压力为 0.01～0.03MPa。 （4）附件安装前应检查或试验。气体继电器、温度计应送检；套管 TA 检查试验，铁芯和夹件绝缘试验。 （5）当需要钻桶进行器身内部检查时，钻桶人员应着专用工作服，钻桶前应进行器身内的含氧量测试，含氧量小于 18% 方可进桶。钻桶人员携带的工器具应登记，防止遗落在器身内。 （6）附件安装： 1）安装附件需要变压器本体露空时，环境相对湿度应小于 80%，连续露空时间不超过 8h，累计露空时间不宜超过 24h，场地四周应	 201010101-T1　主变压器就位 201010101-T2 主变压器套管安装

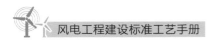
编号	项目/工艺名称	工艺标准	施工要点	图片示例
201010101	主变压器、油浸式电抗器安装	（5）本体两侧与接地网两处可靠连接。外壳、机构箱及本体的接地牢固，且导通良好。 （6）电缆排列整齐、美观，固定与防护措施可靠，有条件时采用封闭桥架。 （7）均压环安装应无划痕、毛刺，安装牢固、平整、无变形；均压环宜在最低处打排水孔。	清洁，并有防尘措施。 2）冷却器起吊应保持平衡，接口阀门密封、开启位置应预先检查。 3）升高座安装时安装面必须平行接触，排气孔位置位于正上方。电流互感器二次备用绕组端子应短接接地。 4）储油柜安装应确认方向正确并进行位置复核。 5）连接管道内部清洁，连接面或连接接头可靠。 6）气体继电器安装箭头朝向储油柜，连接面平行，紧固受力均匀。 7）温度计安装毛细管应固定可靠和美观。 8）有载调压开关按照产品说明书要求进行检查。 9）应按规范严格控制露空时间。内部检查时应向箱体持续注入露点低于−40℃的干燥空气，保持内部微正压，避免潮气侵入，且确保含氧量不小于18％。 （7）现场安装涉及的密封面清洁、密封圈处理、螺栓紧固力矩应符合产品说明书和相关规范的要求。安装未涉及的密封面应检查复紧螺栓，确保密封性。 （8）冷却器按制造厂规定的压力值用气压或油压进行密封试验。 （9）变压器、油浸式电抗器注油前后绝缘	201010101-T3 主变压器取油样 201010101-T4 220kV 主变压器成品

编号	项目/工艺名称	工艺标准	施工要点	图片示例
201010101	主变压器、油浸式电抗器安装	（8）变压器套管与硬母线连接时，应采取伸缩节等防止套管端子受力的措施	油应取样进行检验，并符合国家相关标准。 （10）抽真空处理和真空注油： 1）真空残压要求：220kV 的真空残压不得大于 133Pa。 2）维持真空残压的抽真空时间：220kV 真空残压抽真空时间不得少于 8h。 3）110kV 的变压器、电抗器宜采用真空注油，220kV 及以上的变压器应真空注油。真空注油速率控制在 6000L/h 以下，一般为 3000～5000L/h，真空注油过程维持规定残压。 4）密封试验：对变压器连同气体继电器、储油柜一起进行密封性试验，在油箱顶部加压 0.03MPa，持续时间 24h 应无渗漏。 （11）整体检查与试验合格	
201010102	主变压器接地引线安装	（1）接地引线采用扁钢时，应经热镀锌防腐。 （2）接地引线与设备本体采用螺栓搭接，搭接面紧密。 （3）本体及中性点均需两点接地，分别与主接地网的不同干线相连，中性汇流母线宜采用淡蓝色标识。 （4）接地引线地面以上部分应采用黄绿接地标识，间隔宽	（1）主变压器接地引线在制作前，对原材料进行校直。 （2）接地引线制作前结合实际安装位置，弯制出接地引线模型。 （3）根据模型尺寸下料，为满足弯曲弧度，下料时要留有余度。 （4）扁钢弯曲过程，应采用机械冷弯，避免热弯损坏锌层。 （5）制作后的接地引线与主变压器专设接地件进行螺栓连接并紧固，螺栓连接处不得	

续表

编号	项目/工艺名称	工艺标准	施工要点	图片示例
201010102	主变压器接地引线安装	度、顺序一致，最上面一道为黄色，接地标识宽度为 15～100mm。 （5）110kV 及以上变压器的中性点、夹件接地引下线与本体可靠绝缘。 （6）钟罩式本体外壳在上下法兰之间应做可靠跨接。 （7）按运行要求设置试验接地端子	有油漆。 （6）接地引线与主接地网在自然状态下搭接焊，搭接焊长度大于两倍引线宽度，锌层破损处及焊接位置两侧 100mm 范围内应防腐	201010102-T1 主变压器本体接地引下线安装 201010102-T2 主变压器铁芯、夹件接地引下线安装

编号	项目/工艺名称	工艺标准	施工要点	图片示例
201020000	站用变压器及交流系统设备安装			
201020100	站用变压器安装工程			
201020101	干式站用变压器安装	（1）基础（预埋件）水平度误差不大于3mm。 （2）本体固定牢固、可靠，防松件齐全、完好，接地牢固，导通良好。 （3）附件齐全，安装正确，功能正常。 （4）引出线支架固定牢固、无损伤，绝缘层无损伤及裂纹。 （5）裸露导体无尖角、毛刺，相间及对地距离符合规范要求	（1）复测基础预埋件位置偏差、平整度误差。 （2）就位前外观检查，检查线圈绝缘筒内部应清洁，无杂物，外部面漆无剐蹭痕迹，线圈与底部固定件、顶部铁芯夹件固定螺栓应紧固，无松动现象。高、低压侧引出接线端子与绕组之间无裂纹痕迹，相色标识完整。 （3）安装前依据设计图纸核对高、低压侧朝向，底部如有槽钢固定件，提前将槽钢固定件与干式站用变压器螺栓连接好，整体就位后用水平尺复合本体整体水平度，调至平稳、水平状态后，将底部槽钢件与预埋件焊接，底座两侧与接地网两处可靠连接，低压中性点接地方式符合设计要求，本体引出的其他接地端子就近与主网连接。 （4）站用变压器接地引线在制作前，对原材料进行校直。结合实际安装位置，弯制出接地引线模型。应采用机械冷弯，避免热弯损坏锌层，制作后的接地引线与站用变压器专设接地件进行螺栓连接，紧固并保证电气安全距离。 （5）引出端子与导线连接可靠，并且不受超过允许的承受应力。 （6）所有螺栓紧固后，对应不同级别螺栓采用不同扭矩值检验，站用变压器接线端子连线紧固扭矩遵循厂家说明要求	 201020101-T1 干式站用变压器安装 201020101-T2 干式站用变压器安装

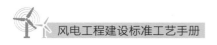
编号	项目/工艺名称	工艺标准	施工要点	图片示例
201020200	配电盘（开关柜）安装			
201020201	配电盘（开关柜）安装	（1）基础槽钢允许偏差：不直度小于1mm/m，全长小于5mm；水平度小于1mm/m，全长小于5mm。位置误差及不平行度小于5mm。 （2）盘、柜体底座与基础槽钢连接牢固，接地良好，可开启柜门用软铜导线可靠接地。 （3）盘、柜面平整，附件齐全，门销开闭灵活，照明装置完好，盘、柜前后标识齐全、清晰。 （4）盘、柜体垂直度误差小于1.5mm/m；相邻两柜顶部水平度误差小于2mm，成列柜顶部水平度误差小于5mm；相邻两柜盘面误差小于1mm，成列柜面盘面误差小于5mm，相邻间接缝误差小于2mm。 （5）屏柜内电源侧进线接在进线侧，负荷侧出线应接在出线端（即可动触头接线端）。 （6）母线平置时，贯穿螺栓应由下往上穿，螺母应在上方；其余情况下，螺母应置于维护侧，连接螺栓长度宜露出螺母2～3扣	（1）配电室（开关室）内基础平行预埋槽钢平行间距误差、单根槽钢平整度及平行槽钢整体平整度误差复测，核对槽钢预埋长度与设计图纸是否相符，复查槽钢与接地网是否可靠连接。 （2）配电盘（开关柜）安装前，检查外观面漆应无明显刮蹭痕迹，外壳无变形，盘面（柜面）电流、电压表计、保护装置、操作按钮、门把手完好，内部电气元件固定无松动。 （3）配电盘（开关柜）安装前，依据设计图纸核对每面配电盘（开关柜）在室内安装位置，从配电室（开关室）入门处开始组立，与预埋槽钢间螺栓连接（不宜与基础预埋槽钢焊死），第一面盘（柜）安装后调整好盘（柜）垂直和水平，紧固底部与槽钢连接螺栓。 （4）相邻配电盘（开关柜）以每列已组立好的第一面盘（柜）为齐，使用厂家专配并盘（柜）螺栓连接，调整好盘（柜）间缝隙后紧固底部连接螺栓和相邻盘（柜）连接螺栓。 （5）柜内母线安装时应检查柜内支持式绝缘子安装方向是否正确。 （6）封闭母线隐蔽前应进行验收。 （7）配电盘（开关柜）接地排配置规范，应有两处明显的与接地网可靠连接点	201020202-T1 开关柜母排安装 201020202-T2 开关柜安装成品

续表

编号	项目/工艺名称	工艺标准	施工要点	图片示例
201030000	配电装置安装			
201030100	母线安装			
201030101	绝缘子串组装	（1）绝缘子外观、瓷质完好无损，铸钢件完好，无锈蚀。 （2）连接金具与所用母线的导线匹配，金具及紧固件光洁，无裂纹、毛刺及凹凸不平。 （3）弹簧销应有足够的弹性，销针开口不得小于60°，并不得有折断或裂纹，严禁用线材代替。 （4）可调金具的调节螺母紧锁	（1）耐压试验合格后进行组装。 （2）悬垂绝缘子在倒运前，依据设计图纸相关说明，了解绝缘子串如何配色，确定各间隔串所需绝缘子数量，确定可调绝缘子串和不可调串在间隔串内放置位置，将每串绝缘子连接拉线金具与绝缘子及金具之间进行试组装查看其是否匹配，与耐张线夹连接的金具是否匹配。 （3）检查间隔串内放置绝缘子串地面是否平整，有无易让绝缘子受损的石块、瓦砾等，绝缘子与地面之间采取简易隔离（垫护）措施，防止绝缘子表面产生污迹。 （4）绝缘子倒运到位后，检查绝缘子外观有无损坏，损坏面积超过厂家要求范围时应及时更换，绝缘子间连接过程统一将碗口朝下，销钉完整穿入，金具串之间组装后螺栓露出丝扣符合设计、厂家提供金具样本要求，螺栓端部销针完整销入不会脱落，与绝缘子串连接的球头组装后绝缘子销钉完整穿入。 （5）对组装好的可调串及不可调串长度，进行实物测量	201030101-T1 绝缘子销钉安装 201030101-T2 绝缘子串金具安装

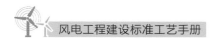

编号	项目/工艺名称	工艺标准	施工要点	图片示例
201030102	支柱绝缘子安装	（1）支架标高偏差不大于5mm，垂直度偏差不大于5mm，顶面水平度偏差不大于2mm/m。 （2）绝缘子支柱外观清洁，无裂纹，底座固定牢靠，受力均匀。 （3）垂直误差不大于1.5mm/m，底座水平度误差不大于2mm，母线直线段内各支柱绝缘子中心线误差不大于5mm。 （4）底座与接地网连接牢固，导通良好	（1）绝缘子支架安装前，对基础杯底标高误差、杯口轴线误差进行测量。 （2）支架组立过程控制杆头件方向，应与顶部横梁安装后底部安装孔位置保持一致，支架找正过程控制垂直度、轴线偏差，门形支架组立后，控制两支架杆顶标高误差，灌浆后需要对以上控制数据进行复测。 （3）支架顶部横梁调至水平状态后，将横梁与支架之间连接螺栓紧固。 （4）绝缘子开箱后，绝缘子支柱弯曲度应在规范规定的范围内，绝缘子支柱与法兰结合面胶合牢固并涂以性能良好的防水胶。瓷裙外观完好无损伤痕迹，需要组装绝缘子严格按照厂家提供产品组装编号进行，与绝缘子顶部母线固定金具一同组装，使用镀锌螺栓进行组装，绝缘子对接法兰处调整至不错口状态，将顶部与金具及绝缘子节与节之间的连接螺栓紧固。 （5）依据安装图纸确定组装后的支柱绝缘子安装方向及其安装位置就位，找正后紧固底部与横梁连接螺栓。 （6）所有连接螺栓应用镀锌螺栓，根据螺栓规格进行扭矩检测	201030102-T1 支柱绝缘子金具安装 201030102-T2 支柱绝缘子成品

编号	项目/工艺名称	工艺标准	施工要点	图片示例
201030103	母线接地开关安装	（1）支架标高偏差不大于5mm，垂直度偏差不大于5mm，顶面水平度偏差不大于2mm/m。 （2）支柱绝缘子应垂直（误差不大于1.5mm/m）于底座平面且连接牢固。 （3）绝缘子支柱与底座平面操作轴间连接螺栓应紧固。 （4）导电部分的软连线连接可靠，无折损。 （5）接线端子清洁、平整，并涂有电力复合脂。 （6）操动机构安装牢固，固定支架工艺美观，机构轴线与底座轴线重合，偏差不大于1mm。	（1）接地开关支架安装前，对基础杯底标高误差、杯口轴线误差进行测量。 （2）支架组立过程控制杆头件方向，应与接地开关安装后底部安装孔位置保持一致，支架找正过程控制垂直度、轴线，灌浆后需要对以上控制数据进行复测。 （3）开箱检查接地开关附件应齐全、无锈蚀、无变形，绝缘子支柱弯曲度应在规范规定的范围内，绝缘子支柱与法兰结合面胶合牢固并涂以性能良好的防水胶。瓷裙外观完好无损伤痕迹。 （4）将接地开关底座、绝缘子支柱、母线托架、接地开关静触头整体组装，检查处理导电部分连接部件的接触面，清洁后涂以复合电力脂连接。动、静触头接触处氧化物清洁光滑后涂上薄层中性凡士林油，依据设计图纸确定底座接地开关侧朝向，与接地开关静触头相对应。 （5）所有组装螺栓均紧固，并进行扭矩检测，接地开关底座自带可调节螺栓时，将其调整至设计图纸要求尺寸。	 201030103-T1 母线接地开关安装

编号	项目/工艺名称	工艺标准	施工要点	图片示例
201030103	母线接地开关安装	（7）电缆排列整齐、美观，固定与防护措施可靠。 （8）设备底座及机构箱接地应牢固，导通良好。 （9）操作灵活，触头接触可靠。 （10）接地牢固可靠。 （11）均压环安装应无划痕、毛刺，安装牢固、平整、无变形；均压环宜在最低处打排水孔。 （12）垂直连杆应用软铜线接地（接地线由厂家提供），且应做黑色标识	（6）接地开关调整： 1）接地开关转轴上的扭力弹簧或其他拉伸式弹簧应调整到操作力矩最小，并加以固定。 2）接地开关垂直连杆与机构间连接部分应紧固，垂直，焊接牢固、美观。 3）轴承、连杆及拐臂等传动部件机械运动应顺滑，转动齿轮应咬合准确，操作轻便灵活。 4）定位螺钉应按产品的技术要求进行调整，并固定。 5）所有传动部分应涂以适合当地气候条件的润滑脂。 6）电动操作前，应先进行多次手动分、合闸，机构应轻便、灵活，无卡涩，动作正常。 7）电动机的转向应正确，机构的分、合闸指示应与设备的实际分、合闸位置相符。 8）电动操作时，机构动作应平稳，无卡阻、冲击异常声响等情况。 （7）接地开关底座与支架应用导体可靠连接，确保接地可靠	 201030103-T3 母线接地开关安装成品 201030103-T4 母线接地开关安装成品

续表

编号	项目/工艺名称	工艺标准	施工要点	图片示例
201030104	软母线安装	（1）导线无断股、松散及损伤，扩径导线无凹陷、变形。 （2）绝缘子外观、瓷质完好无损，铸钢件完好，无锈蚀。 （3）连接金具与导线匹配，金具及紧固件光洁，无裂纹、毛刺及凸凹不平。 （4）引流板无变形、损坏。 （5）绝缘子串可调金具的调节螺母紧锁。 （6）母线弛度应符合设计要求，其允许误差为－2.5%～5%，同一挡距内三相母线的弛度应一致。	（1）软母线施工前，耐张线夹每种导线规格取两根压接后试件送检，试验合格后方可施工。 （2）测量间隔内软母线每相挂点间距离及组装好可调、不可调金具、绝缘子串组装后的长度，核对耐张线夹与软导线规格是否相符，导线压接模具是否满足耐张线夹压接需要，核对横梁挂线点与连接金具是否匹配，导线与线夹接触面均应清除氧化膜，用汽油或丙酮清洗。清洗长度不少于压接长度的1.2倍，线夹与导线接触面涂电力复合脂。 （3）根据测量数据和设计图纸提供软导线温度曲线安装图，计算出放线长度。 （4）在放线前检查导线外观有无磨损和严重氧化现象，局部磨损用细砂纸进行打磨光滑，放置导线地面应平整，并铺设地毯或其他垫护材料防止导线磨损。	201030104-T1 线夹涂电力复合脂 201030104-T2 软母线穿管安装 201030104-T3 耐张线夹压接

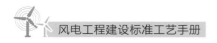
续表

编号	项目/工艺名称	工艺标准	施工要点	图片示例
201030104	软母线安装	（7）线夹规格、尺寸应与导线规格、型号相符。 （8）压接时必须保持线夹的正确位置，不得歪斜，相邻两模间重叠不应小于5mm，压接后六角形对边尺寸不应大于$0.866D+0.2$mm（D为接续管外径）。 （9）铝管弯曲度小于2%。 （10）均压环安装应无划痕、毛刺，安装牢固、平整、无变形；均压环宜在最低处打排水孔	（5）切割前对切割部位两侧进行临时绑扎处理，以防导线抛股；导线断面应与轴线垂直；测量钢锚深度，确定钢芯铝绞线外层去除长度，在锯外层铝绞线时应注意不要伤及钢芯，钢芯压接后应对压接部位作防腐处理，耐张线夹引流板朝向应与安装后朝向保持一致，压接过程控制每模搭接长度，控制铝管弯曲度，压接后产生的飞边、毛刺进行打磨光滑。 （6）压接后导线挪至间隔串内应有防止污染措施（尤其是潮湿地面），采取垫护或人工临时托起，就位前检查绝缘子金具串应已正确组装并到位，横梁与构架柱连接螺栓已紧固，就位机具（卷扬机等）已布置到位，将导线耐张与绝缘子金具正确连接，有均压环可在地面装好。绝缘子金具串未起离地面前注意对绝缘子和均压环的保护，防止损坏。 （7）导线就位后对导线弧垂进行测量，与设计图纸要求弧垂进行对比，较小误差应利用可调金具调整至满足实际要求	201030104-T4 耐张线夹压接尺寸测量 201030104-T5 金具安装 201030104-T6 软母线安装成品

编号	项目/工艺名称	工艺标准	施工要点	图片示例
201030105	引下线及跳线安装	（1）高跨线上（T形）线夹位置设置合理，引下线及跳线走向自然、美观，弧度适当。 （2）设备线夹（角度）方向合理。 （3）软导线压接线夹口向上安装时，应在线夹底部打直径不超过8mm的泄水孔。 （4）铝管弯曲度小于2%。	（1）引下线及跳线制作前，确定其安装位置，检查两侧线夹规格确定引线及跳线线夹截面。 （2）依据设计图纸确定引线、跳线规格，并检查制作引下线及跳线的线夹与导线、压接模具之间是否匹配，导线与线夹接触面均应清除氧化膜，用汽油或丙酮清洗，清洗长度不少于连接长度的1.2倍。 （3）导线切割前对切割部位两侧采取绑扎措施，防止导线抛股，导线断面应与轴线垂直，引下线及跳线先压接好一端再实际测量确定导线长度，测量过程应考虑引下线及跳线安装后，设备侧接线板所承受的应力不应超过设计或厂家要求。 （4）线夹与导线接触面涂电力复合脂，线夹应顺绞线方向将导线穿入，用力不宜过猛以防抛股。导线伸入线夹的压接长度达到规定要求。	 201030105-T1 线夹压接 201030105-T2 飞边、毛刺打磨 201030105-T3 线夹压接尺寸测量

编号	项目/工艺名称	工艺标准	施工要点	图片示例
201030105	引下线及跳线安装	（5）压接时必须保持线夹的正确位置，不得歪斜，相邻两模间重叠不应小于5mm，压接后六角形对边尺寸不应大于0.866D+0.2mm（D为接续管外径）	（5）压接过程控制每模搭接长度，控制铝管弯曲度，压接后产生的飞边、毛刺打磨光滑，短导线压接时，将导线插入线夹内距底部10mm，用夹具在线夹入口处将导线夹紧，从管口处向线夹底部顺序压接，以避免出现导线隆起现象。 （6）引线及跳线安装过程中导线、金具应避免磨损，连接线安装时避免设备端子受到超过允许承受的应力。 （7）所有连接螺栓均采用镀锌螺栓，按照螺栓规格进行扭矩检测。 （8）软母线采用钢制螺栓型线夹连接时，应缠绕铝包带，其绕向与外层铝股的绕向一致，两端露出线夹口不超过10mm，且端口应回到线夹内压紧。 （9）安装角度大于30°的室外压接型端子根部应做泄水孔	 201030105-T4 引下线安装 201030105-T5 线夹泄水孔

续表

编号	项目/工艺名称	工艺标准	施工要点	图片示例
201030106	悬吊式管形母线安装	（1）母线平直，端部整齐，挠度小于 $D/2$（D 为管形母线的直径）。 （2）三相平行，相距一致。 （3）跳线走向自然，三相一致。 （4）金具规格应与管形母线相匹配。 （5）均压环安装应无划痕、毛刺，安装牢固、平整、无变形；均压环宜在最低处打排水孔	（1）管形母线施工前，对每种型号管形母线焊接一件试件送检，试验合格后方可施工。 （2）外观无明显划痕、毛刺，检查绝缘子串与连接金具是否匹配及管形母线梁挂点与金具是否匹配，绝缘子与金具数量是否满足安装需要，均压环有无毛刺、刮痕、变形。 （3）按设计图纸确定管形母线跨度，依据跨度尺寸进行管形母线配置，每相管形母线配置过程应将焊点绕开安装在其上部的隔离开关静触头夹具，保持焊缝距夹具边缘不少于50mm。 （4）管形母线配置后对焊接端进行坡口处理，坡口角度应根据管形母线壁厚来确定。同时打加强孔，数量满足设计图纸要求。焊接所使用焊丝与衬管与管形母线材质相同，衬管长度满足设计要求并与管形母线匹配；管形母线对接部位两侧、衬管焊接部位、焊丝应除去氧化层。 （5）管形母线焊接应采用氩弧焊；焊接过程中应采取防风措施，不得中断氩气保护。焊接成形后的管形母线待冷却后方可挪动。 （6）管形母线终端球安装前，放入设计要求规格型号的阻尼导线。管形母线终端球应有滴水孔，安装时应朝下。 （7）管形母线就位前检查金具、绝缘子串应正确组装，销针完整，绝缘子碗口朝下，管形母线梁与构架柱连接螺栓紧固。 （8）管形母线跳线制作安装过程保持每相及分裂导线每根弧度一致	 201030106-T1 管形母线坡口加工 201030106-T2 坡口、加强孔加工成品 201030106-T3 管形母线焊接

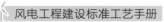

编号	项目/工艺名称	工艺标准	施工要点	图片示例
201030107	支撑式管形母线安装	（1）轴线误差不大于10mm，基础杯底误差为−10～0mm。 （2）支架和管形母线钢梁安装后，再用水平仪测量，确保支架高差在10mm以内。 （3）母线平直，端部整齐，挠度小于$D/2$（D为管形母线的直径）。 （4）三相平行，相距一致。 （5）一段母线中，除中间位置采用紧固定外，其余均采用松固定，以使母线滑动自如。	（1）外观无明显划痕、毛刺，管形母线封端盖、封端球与管形母线匹配。 （2）需焊接的支撑式管形母线施工前，对每种型号管形母线焊接一件试件送检，试验合格后方可施工。 （3）依据设计图纸确定管形母线跨度，但需要焊接时，依据跨度尺寸进行管形母线配置，每相管形母线配置过程应将焊点避开安装支撑金具，至少保持焊缝距支撑金具边缘100mm。 （4）管形母线配置后对焊接端进行坡口处理，坡口角度应根据管形母线壁厚来确定。同时打加强孔，数量满足设计图纸要求。焊接所使用焊丝和衬管与管形母线材质相同，衬管长度满足设计要求并与管形母线匹配；管形母线对接部位两侧、衬管焊接部位、焊丝应除去氧化层。 （5）管形母线焊接宜采用氩弧焊；焊接过程中应采取防风措施，不得中断氩气保护。焊接成形后的管形母线待冷却后方可挪动。 （6）根据实测数对管形母线最后裁剪，裁剪后的管形母线放置位置应作标记，放入阻	201030107-T1 管形母线焊接成品 201030107-T2 阻尼线穿入 201030107-T3 管形母线吊装

编号	项目/工艺名称	工艺标准	施工要点	图片示例
201030107	支撑式管形母线安装	(6) 金具规格应与管形母线相匹配	尼导线,安装封端盖,管形母线端部应安装封端球(以设计图纸为准),封端球应带有泄水孔,且朝下。 (7) 双跨距管形母线就位可采用两台吊车同时吊装就位,就位过程应拴有控制绳,设专人控制防止碰撞,管形母线就位后,伸缩固定夹具与管形母线之间应涂上电力复合脂并安装紧固。 (8) 所有紧固件使用镀锌螺栓,并按螺栓规格扭矩检测	
201030108	矩形母线安装	(1) 支柱绝缘子支架标高偏差不大于 5mm,垂直度偏差不大于 5mm,顶面水平度偏差不大于 2mm/m。 (2) 与主变压器套管端子之间应采取伸缩措施。 (3) 导体及绝缘子排列整齐,相间距离一致,水平度偏差应不大于 5mm/m,顶面高差应不大于 5mm。	(1) 矩形母线安装前核对硬母线规格、材质与设计图纸是否相符,以及母线夹具是否匹配。 (2) 复测直线段母线支柱绝缘子夹具中心直度。 (3) 对矩形母线进行校直,校直过程不得在硬母线表面留下敲击、损伤等痕迹。 (4) 实测直线段母线距离长度,直线段利用完整单根母排制作、安装,避免过多接头。母线制作采用冷弯,矩形母线应根据不同材质、不同规格来确定其弯曲半径。转弯处母线在制作过程应根据不同电压等级,相间及	 201030108-T1 矩形母线成品

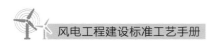

编号	项目/工艺名称	工艺标准	施工要点	图片示例
201030108	矩形母线安装	（4）支柱绝缘子固定牢固，导体固定松紧适当，除固定端紧固外，其余均采用松固定，以使导体伸缩自然。 （5）硬母线制作要求横平竖直，母线接头弯曲应满足规范要求，并尽量减少接头。 （6）支持绝缘子不得固定在弯曲处，固定点夹板边缘与弯曲处距离不应大于 0.25L（L 为两支持点间距离），但不应小于 50mm。相邻母线接头不应固定在同一绝缘子间隔内，应错开间隔安装。 （7）伸缩节设置合理，安装美观。 （8）主变压器三相出线母线安装表面应加装热缩套，热缩套规格（包括电压等级）应与硬母线配套	边相对周围电气设备安全距离，应满足设计图纸要求，母线切割部位应进行打磨光滑，上下搭接部位应弯曲一端，保证其平滑过渡，搭接长度、连接螺孔大小、间距尺寸由搭接母线宽度确定，硬母线搭接部位钻孔后应打磨光滑。 （5）硬母线制作后按设计图纸要求，按电压等级在各相套上相应颜色热缩护套，包括软连接。 （6）搭接部位在硬母线接触面涂上电力复合脂，搭接面符合 GB 50149—2010《电气装置安装工程 母线装置施工及验收规范》要求，就位后直线段及弯曲部位调整至自然状态，不存在局部受力现象，与设备接线板连接部位应力满足设计要求。 （7）连接螺栓应采用镀锌螺栓，所有连接螺栓应紧固并且按不同规格进行扭矩检测。母线平置安装时，贯穿螺栓应由下往上穿，螺母在上方；其余情况下，螺母应置于维护侧，连接螺栓长度宜露出螺母 2～3 扣。 （8）硬母线接头加装绝缘套后，应在绝缘套下凹处打排水孔，防止绝缘套下凹处积水，造成冬季结冰冻裂。 （9）根据设计要求，在硬母线的适当位置，呈品字形安装接地挂线板	

续表

编号	项目/工艺名称	工艺标准	施工要点	图片示例
201030200	**电气设备安装**			
201030201	断路器安装	（1）基础中心距离误差、高度误差、预留孔或预埋件中心线误差均应不大于10mm；基础预埋件上端应高出混凝土表面1～10mm；预埋螺栓中心线误差不大于2mm，地脚螺栓高出基础顶面长度应符合设计和厂家要求，长度应一致。 （2）断路器的固定应牢固可靠，宜实现无调节垫片安装（厂家调节垫片除外），支架或底架与基础的垫片不宜超过3片，总厚度不应大于10mm，各片间应焊接牢固。 （3）相间中心距离误差不大于5mm。 （4）所有部件（包括机构箱）的安装位置正确，并按制造厂规定要求保持其应有的水平度或垂直度。 （5）瓷套外观完整，无裂纹。	（1）复测断路器基础中心距离误差、高度误差、预埋地脚螺栓高度和预埋件中心线误差。 （2）断路器开箱检查。检查断路器型号与设计图纸型号相符，附件应齐全、无锈蚀和机械损伤，密封良好，断路器瓷件无损伤、绝缘子支柱与法兰结合面胶合牢固并涂以性能良好的防水胶。 （3）断路器支架安装。支架底部与基础面之间尺寸、支架上下螺母与垫片放置要求满足设计图纸要求。支架安装后找正时控制支架垂直度、顶面平整度，相间顶部平整度保持一致，尤其三相联动式断路器，门形支架安装过程中控制支架垂直度和支架上部横担水平度。 （4）应按产品的技术规定选用合适的吊装器具吊装。密封槽面应清洁，无划伤痕迹；已用过的密封垫（圈）不得使用；涂密封脂时，不得使其流入密封垫（圈）内侧而与 SF_6 气体接触。均匀对称紧固断口与支柱连接螺栓，紧固力矩符合产品要求。	 201030201-T1 密封槽面处理 201030201-T2 断路器吊装 201030201-T3 断路器安装

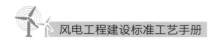

续表

编号	项目/工艺名称	工艺标准	施工要点	图片示例
201030201	断路器安装	（6）断路器本体及支架应两点接地，其两根接地引下线应分别与主接地网不同干线连接。接地线地面以上部分应采用黄绿接地标识，间隔宽度、顺序一致，最上面一道为黄色，接地标识宽度为 15～100mm。 （7）相色标识正确。 （8）断路器及其传动机构的联动正常，无卡阻现象，分、合闸指示正确，辅助开关及电气闭锁动作正确、可靠。 （9）均压环安装应无划痕、毛刺，安装牢固、平整、无变形；均压环宜在最低处打泄水孔	（5）真空充气装置连接管道应清洁，抽真空达到产品要求的残压和抽真空时间（产品安装过程能维持 SF_6 气体预充压力可以不抽真空，由产品安装说明书确定）。 （6）SF_6 断路器安装前，必须按照规范要求对 SF_6 气体抽样送检，其气体参数应符合要求。现场测量 SF_6 气体含水量，每一瓶 SF_6 气体含水量均应符合要求。充气到额定压力，充气过程实施密度继电器报警、闭锁接点压力值检查，24h 后进行检漏，推荐用塑料薄膜包扎密封面进行检漏；48h 后进行微水含量测量，测量结果要满足规范要求。断路器充注 SF_6 气体时，应对 SF_6 气瓶进行称重，充入 SF_6 气体重量应符合产品技术文件要求。 （7）按产品电气控制回路图检查厂方接线正确性。按设计图纸进行电缆接线并核对回路设计与使用产品的符合性，验证回路接线的正确性。 （8）气室 SF_6 气体年泄漏率小于 1%	201030201-T4 均压环成品 201030201-T5 220kV 断路器成品 201030201-T6 220kV 断路器成品

编号	项目/工艺名称	工艺标准	施工要点	图片示例
201030202	隔离开关安装	（1）采用预埋螺栓与基础连接时，螺栓上部要求采用热镀锌形式，预埋螺栓中心线误差不大于2mm，全站内同类型隔离开关预埋螺栓顶面标高应一致。 （2）设备底座连接螺栓应紧固，同相绝缘子支柱中心线应在同一垂直平面内，同组隔离开关应在同一直线上，偏差不大于5mm。 （3）导电部分的软连接需可靠，无折损。 （4）接线端子应清洁、平整，并涂有电力复合脂。 （5）操动机构安装牢固，固定支架工艺美观，机构轴线与底座轴线重合，偏差不大于1mm，同一轴线上的操动机构安装位置应一致。 （6）电缆排列整齐、美观，固定与防护措施可靠。 （7）设备底座及机构箱接地	（1）开箱检查接地开关附件应齐全、无锈蚀、变形，绝缘子支柱弯曲度应在规范允许的范围内，绝缘子支柱与法兰结合面胶合牢固并涂以性能良好的防水胶。瓷裙外观完好无损伤痕迹。 （2）隔离开关底座、绝缘子支柱、顶部动触头及接地开关静触头整体组装，组装过程隔离开关拐臂处于分闸状态，检查处理导电部分连接部件的接触面，清洁后涂以复合电力脂连接。触头接触氧化物清洁光滑后涂上薄层中性凡士林油。 （3）所有组装螺栓均紧固，并进行扭矩检测，隔离开关底座自带可调节螺栓时，将其调整至设计图纸要求尺寸，依据设计图纸确定底座主刀与接地开关方向，就位找正后紧固螺栓，所有安装螺栓力矩值符合产品技术要求。	 201030202-T1 隔离开关吊装 201030202-T2 隔离开关底座螺栓调节 201030202-T3 动静触头涂抹薄层凡士林

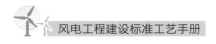

编号	项目/工艺名称	工艺标准	施工要点	图片示例
201030202	隔离开关安装	牢固，导通良好。 （8）操作灵活，触头接触可靠，闭锁正确。 （9）操动机构、传动装置、辅助开关及闭锁装置应安装牢固，动作灵活可靠，位置指示正确。 （10）隔离开关过死点，动、静触头相对位置，备用行程及动触头状态，应符合产品技术文件要求。 （11）合闸三相同期值应符合产品的技术规定。 （12）均压环安装应无划痕、毛刺，安装牢固、平整、无变形；均压环宜在最低处打泄水孔。 （13）隔离开关支架应两点接地，其两根接地线应分别与主接地网不同干线连接。接地线地面以上部分应采用黄绿接地标识，接地标识的间隔宽度、顺序一致，最上面一道为黄色，接地标识宽度为15～100mm。 （14）相色标识正确，接地开关垂直连杆应黑色标识，全站标高应一致	（4）隔离开关调整： 1）接地开关转轴上的扭力弹簧或其他拉伸式弹簧应调整到操作力矩最小，并加以固定。 2）隔离开关、接地开关垂直连杆与隔离开关、机构间连接部分应紧固，垂直，焊接部位牢固、美观。 3）轴承、连杆及拐臂等传动部件机械运动应顺滑，转动齿轮应咬合准确，操作轻便灵活。 4）定位螺钉应按产品的技术要求进行调整，并加以固定。 5）所有传动部分应涂以适合当地气候条件的润滑脂。 6）电动操作前，应先进行多次手动分、合闸，机构应轻便、灵活，无卡涩，动作正常。 7）电动机的转向应正确，机构的分、合闸指示应与设备的实际分、合闸位置相符。垂直断口的隔离开关安装后应检查断口间净距。 8）电动操作时，机构动作应平稳，无卡阻、冲击异常声响等情况。 （5）隔离开关底座与支架应用导体可靠连接，确保接地可靠	201030202-T4 机构箱、垂直连杆接地 201030202-T5 200kV 隔离开关成品

续表

编号	项目/工艺名称	工艺标准	施工要点	图片示例
201030203	电流、电压互感器安装	（1）设备外观清洁，铭牌标识完整、清晰，底座固定牢靠，受力均匀。设备安装垂直，误差不大于 1.5mm/m。 （2）并列安装的设备应排列整齐，同一组互感器的极性方向一致。 （3）TA、TV、CVT 支架接地引下线与接地网两处可靠连接，本体接地点应与设备支架可靠连接。接地线地面以上部分应采用黄绿接地标识，间隔宽度、顺序一致，最上面一道为黄色，接地标识宽度为 15～100mm。 （4）电容式套管末屏可靠接地；TA 备用绕组短接可靠并接地，CVT 的套管末屏、TV 的 N 端、二次备用绕组一端应可靠接地。 （5）相色标识正确、美观。 （6）均压环安装应无划痕、毛刺，安装牢固、平整、无变形；均压环宜在最低处打泄水孔	（1）吊装应选择满足相应设备的钢丝绳或吊带以及卸扣，TA 吊装时吊绳应固定在吊环上起吊，吊装过程中用缆绳稳定，防止倾斜。 （2）电容式电压互感器必须根据产品成套供应的组件编号进行安装，不得互换，法兰间连接可靠（部分产品法兰间有连接线）。 （3）电流互感器安装时一次接线端子方向应符合设计要求。 （4）对电容式电压互感器具有保护间隙的，应根据出厂说明书要求检查并调整。 （5）油浸式互感器应无渗漏，油位正常并指示清晰，绝缘油指标符合规程和产品技术要求。 （6）SF$_6$ 气体绝缘互感器的密度继电器指示正常，SF$_6$ 气体含水量满足要求。气室 SF$_6$ 气体年泄漏率小于 1%。 （7）所有安装螺栓力矩值符合产品技术要求	 201030203-T1 电流互感器吊装 201030203-T2 电流互感器成品 201030203-T3 200kV 电压互感器成品

续表

编号	项目/工艺名称	工艺标准	施工要点	图片示例
201030204	避雷器安装	（1）瓷套外观完整，无裂纹。 （2）设备安装垂直，误差不大于 1.5mm/m。 （3）铭牌应位于易于观察的一侧，标识应完整、清晰。 （4）压力释放口方向合理。 （5）在线监测仪密封良好，动作可靠；安装位置一致，便于观察；接地可靠；计数器三相应调至同一值。 （6）所有连接螺栓需齐全，紧固。 （7）均压环安装应无划痕、毛刺，安装牢固、平整、无变形；均压环宜在最低处打泄水孔。 （8）接地牢固可靠、美观	（1）吊装时吊绳应固定在吊环上，不得利用瓷裙起吊。 （2）必须根据产品成套供应的组件编号进行，不得互换，法兰间连接可靠（部分产品法兰间有连接线）。 （3）避雷器安装面应水平，并列安装的避雷器三相中心应在同一直线上，避雷器应安装垂直；避雷器就位时压力释放口方向不得朝向巡检通道，排出的气体不致引起相间闪络且不得喷及其他电气设备。 （4）避雷器找正后紧固底座紧固件，所有安装螺栓力矩值符合产品技术要求。 （5）在线监测装置与避雷器连接导体超过1m时应设置绝缘支柱支撑；硬母线与放电计数器连接处应增加软连接。 （6）接地部位一处与接地网可靠连接，另一处与集中接地装置可靠连接（辅助接地）。 （7）放电计数器（在线监测装置）朝向应便于运行人员巡视，高度应满足安全要求	 201030204-T1 220kV 避雷器成品 201030204-T2 避雷器集中接地

编号	项目/工艺名称	工艺标准	施工要点	图片示例
201030205	穿墙套管安装	（1）同一平面或垂直面上的穿墙套管的顶面应位于同一平面上，其中心线位置应符合设计要求。 （2）安装穿墙套管的墙体应平整，孔径应比嵌入部分大5mm以上，混凝土安装板的最大厚度不得超过50mm。 （3）穿墙套管直接固定在钢板上时，套管周围不应形成闭合电磁回路。 （4）穿墙套管垂直安装时，法兰应在上方，水平安装时，法兰应在外侧。 （5）600A及以上母线穿墙套管端部的金属夹板（紧固件除外）应采用非磁性材料，其与母线之间应有金属相连，接触应稳固，金属夹板厚度不应小于3mm，当母线为两片及以上时，母线本身间应予以固定	（1）对穿墙套管预留孔洞大小、三相水平度结合设计图纸进行复测，孔洞埋件应满足要求。 （2）容量大于1500A的穿墙套管的固定基板应有防止磁涡流的措施。穿墙套管预留孔洞安装钢板焊接时，钢板焊接前应有一道让整块钢板不形成闭合磁路的缝隙，该缝隙应采用非磁性材料封堵严密，安装钢板与埋件焊接牢固，钢板与孔洞缝隙封堵严实，且钢板应可靠接地。 （3）穿墙套管就位前应检查外部瓷裙完好无损伤，中间钢板与瓷件法兰结合面胶合牢固，并涂以性能良好的防水胶。 （4）如导电杆为铜材，其与母线的搭接面应进行搪锡处理。穿墙套管安装时按设计要求区分室内、外部分，正确穿入并使用镀锌螺栓连接，紧固牢固。 （5）对安装钢板与预留孔洞缝隙进行封堵时，注意穿墙套管底座或法兰盘不得埋入混凝土或抹灰层内。 （6）采用热缩套进行防护时，热缩套的规格（包括电压等级）应与导电杆及母线配套。加装绝缘套后，应在绝缘套下凹处打泄水孔，防止绝缘套下凹处积水，冬季结冰冻裂	 201030205-T1 钢制套管板安装 201030205-T2 穿墙套管安装成品

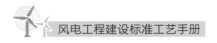

编号	项目/工艺名称	工艺标准	施工要点	图片示例
201030206	组合电器（GIS）安装	（1）设备基础及预埋件的允许偏差：三相共一基础标高不大于2mm，每相独立基础时，同相不大于2mm，相间不大于2mm；相邻间隔基础标高不大于5mm；同组间中心线不大于1mm，预埋件表面标高，相邻预埋件标高不大于2mm，并且高于基础表面1～10mm或更少；预埋螺栓中心线不大于2mm；室内安装时断路器各组中相与其他设备x、y轴误差不大于5mm；220kV及以下室内、外设备基础标高误差不大于5mm，220kV以上室内、外设备基础标高误差不大于10mm；室、内外设备基础与y轴线误差不大于5mm。	（1）GIS设备基础及预埋件平整度复测、平行预埋件直度、平整度复测。 （2）设备本体、母线组装： 1）部件装配应在无风沙、无雨雪、空气相对湿度小于80％的条件下进行，并根据产品要求严格采取防尘、防潮措施。 2）应按制造厂的编号和规定的程序进行装配，不得混装。 3）各个气室预充压力检查必须符合产品技术要求。 4）应对可见的触头连接、支撑绝缘件和盘式绝缘子进行检查，应清洁无损伤。 5）GIS元件拼装前，应用清洁无纤维白布或不起毛的擦拭纸、吸尘器（尤其是内壁、对接面）清理干净；盆式绝缘子应清洁、完好。 6）法兰对接前应先对法兰面、密封槽及密封圈进行检查，法兰面及密封槽应光洁、无损伤，对轻微伤痕可平整。密封面、密封圈用清洁无纤维裸露白布或不起毛的擦拭纸蘸无水酒精擦拭干净。密封圈应确认规格正确，然后在空气一侧均匀地涂密封剂，涂完密封剂应立即接口或盖封板，并注意不得使密封剂流入密封圈内侧。	201030206-T1 法兰面清洁 201030206-T2 密封圈检查、清洁

编号	项目/工艺名称	工艺标准	施工要点	图片示例
201030206	组合电器（GIS）安装	（2）组合电器应可靠固定。调整垫片或调整螺栓应用符合产品和规范要求。 （3）电气连接可靠，且接触良好。 （4）组合电器及其传动机构的联动正常，无卡阻现象，分、合闸指示正确，辅助开关及电气闭锁动作正确可靠	7）对接过程测量法兰间隙距离均匀。连接完毕相间对称地拧紧螺栓，所有螺栓的紧固均应使用力矩扳手，其力矩值应符合产品的技术规定。 8）母线安装时，应先检查表面及触指有无生锈、氧化物、划痕及凹凸不平处，如有，则采用砂纸将其处理干净平整，并用清洁无纤维裸露白布或不起毛的擦拭纸蘸无水酒精洗净触指内部，在触指上涂上薄薄的一层电力复合脂，如不立即安装，应先用塑料纸将其包好。安装时将母线放在专用小车上，推进母线筒到刚好与触头座接触上，然后用母线插入工具，将母线完全推进触头座内；垂直母线采用专用工具进行安装。母线对接应通过观察孔或其他方式进行检查和确认。 9）套管的吊装：一般宜采用专用工具和吊带进行起吊，以保护瓷套管不受损伤。 10）伸缩节安装长度符合产品技术文件要求。 （3）真空处理、注 SF$_6$ 气体： 1）充注前，充气设备及管路应洁净、无水分、无油污；管路连接部分应无渗漏；吸附剂的更换方式、时间应符合产品技术要求。	201030206-T3 涂抹密封剂 201030206-T4 GIS 拼装

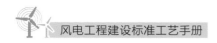
编号	项目/工艺名称	工艺标准	施工要点	图片示例
201030206	组合电器（GIS）安装	（5）支架及接地引线应无锈蚀和损伤，接地应良好。 （6）气室隔断标识完整、清晰。 （7）电缆及二次接线排列整齐、美观，固定与防护措施可靠，有条件时采用封闭桥架形式。 （8）油漆应完整，相色标识正确。	2）气体充入前应按产品的技术规定对设备内部进行真空处理，真空残压及保持时间应符合产品要求；抽真空时，应采用带有抽气止回阀的真空泵，以防止突然停电或因误操作而引起破坏真空事故。 3）真空泄漏检查方法应按产品说明书的要求进行。 4）气室预充有 SF_6 气体，且含水量检验合格时，可直接补气。SF_6 气体充注前，必须按照规范要求对 SF_6 气瓶抽样送检，其气体参数应符合要求。现场测量 SF_6 气体含水量，每一瓶 SF_6 气体含水量均应符合要求。充气至略高于额定压力，充气过程实施密度继电器报警、闭锁接点压力值检查。 5）充注 SF_6 气体时，应对 SF_6 气瓶进行称重，充入 SF_6 气体质量应符合产品技术文件要求。 6）设备内 SF_6 气体漏气率应符合规范和产品技术要求。基本要求：各个独立气室 SF_6 气体年泄漏率小于 1%。检漏方法符合产品说明书要求，通常采用内部压力检测比对与包扎检漏相结合的方法。	 201030206-T5 封闭式槽盒安装 201030206-T6 支架接地安装

编号	项目/工艺名称	工艺标准	施工要点	图片示例
201030206	组合电器（GIS）安装	（9）组合电器的外套筒法兰连接处应作可靠跨接或确保法兰间的良好接触。 （10）GIS分支母线三相汇流母线连接符合产品及设计要求，并就近接入主接地网。 （11）安装伸缩调整装置和温度补偿伸缩调整装置定位合理、正确（根据厂家要求）	（4）电缆排列与二次接线： 1）电缆排列整齐、美观，固定与防护措施可靠，有条件时采用封闭桥架形式。 2）按照设计图纸和产品图纸进行二次接线，核对设计图纸、产品图纸与实际装置是否符合。 （5）检查确认GIS中断路器、隔离开关、接地开关的操动机构的联动应正常、无卡阻现象；分合闸指示应正确；辅助开关及电气闭锁应正确、可靠。 （6）密度继电器的报警、闭锁值应符合规定，电气回路传动应正确。 （7）闭锁检查："就地、远方""电动、手动"等各种闭锁关系正确。 （8）核对安装伸缩调整装置和温度补偿伸缩调整装置定位符合产品要求	 201030206-T7 GIS进出线套管安装 201030206-T8 封闭式组合电器成品 201030206-T9 封闭式组合电器成品

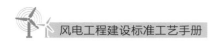

编号	项目/工艺名称	工艺标准	施工要点	图片示例
201030207	干式电抗器安装	（1）钢管支架标高偏差不大于 5mm，垂直度偏差不大于 5mm，轴线偏差不大于 5mm，顶面水平度偏差不大于 2mm，间距偏差不大于 5mm。 （2）支柱完整、无裂纹，固定可靠；线圈无变形，绝缘漆完好。 （3）电抗器重量应均匀地分配于所有支柱绝缘子上。 （4）新安装干式空芯电抗器时，不应采用叠装结构，避免电抗器单相事故发展为相间事故。 （5）电抗器底座应接地，其支柱不得形成导磁回路，接地线不应成闭合环路。 （6）电抗器基础内钢筋、底层绝缘子的接地线及金属围栏，不应通过自身和接地线构成闭合回路。	（1）基础和支架安装： 1）基础轴线偏移量和基础杯底标高偏差应在规范允许范围内，依据设计图纸复测预埋件位置偏差。 2）低压电抗器用钢管支架、混凝土支架按设计的要求做好隔磁措施，防止电抗器漏磁形成环流，引起支架发热和损耗。 3）设备支架底部参照设计图纸，如底部有槽钢件，应先将槽钢件与支架螺栓连接，安装过程控制支架顶面标高偏差、垂直度、轴线偏差、顶面水平度、间距偏差，调整好将底部槽钢件与基础预埋件进行点焊固定。 4）根据支架标高和支柱绝缘子长度综合考虑，使支柱绝缘子标高误差控制在 5mm 以内。 （2）电抗器安装： 1）电抗器和支撑式安装的阻波器主线圈，其重量应均匀地分配于所有支柱绝缘子上，找平时，允许在支柱绝缘子底座下放置钢垫片，但应固定牢靠。 2）电抗器设备接线端子的方向必须与施工图纸方向一致。	201030207-T1 电抗器底座接地安装 201030207-T2 电抗器底座接地安装

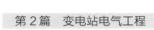

续表

编号	项目/工艺名称	工艺标准	施工要点	图片示例
201030207	干式电抗器安装	（7）网栏安装平整牢固，防腐完好，宜采用耐腐蚀材料。当采用金属围栏时，金属围栏应设明显断开点和接地点。 （8）中性汇流母线刷淡蓝色漆	（3）接地施工： 1）电抗器支柱的底座均应接地，宜采用非磁性材料，支柱的接地线不应成闭合环路，同时不得与地网形成闭合环路。 2）磁通回路内不应有导体闭合回路。 3）当额定电流超过1500A及以上时，引出线应采用非磁性金属材料制成的螺栓进行固定。 （4）网栏与设备间距离符合设计要求	 201030207-T3 电抗器成品
201030208	装配式电容器安装	（1）混凝土基础及埋件表面平整，水平误差不大于2mm，x、y轴线误差不大于5mm。 （2）基础槽钢应经热镀锌处理，预埋件采用两边满焊，焊缝应经防腐处理，其顶面标高误差不大于3mm。 （3）框架组件平直，长度误差不大于2mm/m，连接螺孔应可调。 （4）每层框架水平度误差不大于3mm，对角误差不大于5mm。	（1）复测基础预埋件位置偏差、平整度误差。 （2）就位前检查每只电容器外观、套管引线端子及与电容器连接结合部位有无渗油现象，每只电容器整体密封严密。外壳无变形、锈蚀、剐蹭痕迹。 （3）电容器组和辅助设备安装： 1）电容器组安装前应根据单个电容器容量的实测值，进行三相电容器组的配对，确保三相容量差值不大于5%。参照设计图纸核对电容器高压侧朝向，底层电容器支柱绝缘子有槽钢件提前连接好槽钢件，就位后用水平	 201030208-T1 电容器网门安装

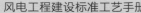

编号	项目/工艺名称	工艺标准	施工要点	图片示例
201030208	装配式 电容器安装	（5）总体框架水平度误差不大于 5mm，垂直误差不大于 5mm，防腐完好。 （6）电容器的配置应使铭牌面向通道一侧，并有顺序编号。 （7）电容器应便于更换，其外壳与固定电位连接牢固可靠。 （8）避雷器在线监测仪安装应便于观测。 （9）网栏安装平整牢固，防腐完好。当采用金属围栏时，金属围栏应设明显接地。 （10）电容器的硬母线连接应注意满足膨胀的要求，放电线圈或互感器的接线端子和电缆头应采取防雨水进入的保护措施，电容器的接线螺栓紧固后应设置标记漆线。 （11）中性汇流母线刷淡蓝色漆	尺检查水平度，调平后将槽钢件与预埋件焊接并作防腐，安装后各只电容器铭牌、编号应在通道侧，顺序符合设计，相色完整。电容器外壳与固定电位连接应牢固可靠。 2）熔断器安装排列整齐，倾斜角度应符合产品要求。指示器位置正确。 3）放电线圈瓷套无损伤，相色正确，接线牢固美观；接地良好。 4）电容器组一次连线应符合设计与设备技术要求。 （4）网栏与设备间距离符合设计要求，且应可靠接地。 （5）电容器底层槽钢件与主接地网可靠连接。 （6）引出端子与导线连接可靠，并且不受额外应力	201030208-T2 电容器底座槽钢接地安装 201030208-T3 电容器网门接地

续表

编号	项目/工艺名称	工艺标准	施工要点	图片示例
201040000	主控及直流设备安装			
201040100	屏、柜安装工程			
201040101	屏、柜安装	（1）基础型钢允许偏差：不直度小于1mm/m，全长不直度小于5mm；水平度小于1mm/m，全长水平度小于5mm。位置误差及不平行度全长小于5mm。 （2）基础型钢顶部宜高出抹平地面10mm。 （3）屏、柜体底座与基础连接牢固，导通良好，可开启屏门用软铜导线可靠接地。 （4）屏、柜面平整，附件齐全，门销开闭灵活，照明装置完好，屏、柜前后标识齐全、清晰。 （5）屏、柜体垂直度误差小于1.5mm/m，相邻两柜顶部水平度误差小于2mm，成列柜顶部水平度误差小于5mm；相邻	（1）屏、柜基础平行预埋槽钢垂直度偏差、平行间距误差、单根槽钢平整度及平行槽钢整体平整度误差复测，核对槽钢预埋长度与设计图纸是否相符，检查电缆孔洞应与盘柜匹配，复查槽钢与接地网是否可靠连接。 （2）屏、柜安装前，检查外观面漆应无明显剐蹭痕迹，外壳无变形，屏、柜面和门把手完好，内部电气元件固定无松动。 （3）屏、柜安装前，依据设计图纸核对每面屏、柜在室内安装位置，与预埋槽钢间螺栓连接（不得与基础预埋槽钢焊死），第一面屏、柜安装后调整好屏、柜垂直和水平紧固底部与槽钢连接螺栓。 （4）相邻配电屏、柜每列以已组立好第一面屏、柜为齐，使用厂家专配并柜螺栓连接，调整好屏、柜之间缝隙后紧固底部连接螺栓和相邻屏、柜连接螺栓，紧固件应经防腐处理，所有安装螺栓紧固可靠。	201040101-T1 屏柜与型钢螺栓连接 201040101-T2 屏顶引下线穿孔处绝缘保护

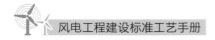

编号	项目/工艺名称	工艺标准	施工要点	图片示例
201040101	屏、柜安装	两柜盘面误差小于1mm，成列柜面盘面误差小于5mm，盘间接缝误差小于2mm。 （6）屏、柜的漆层应完整无损伤；所有屏柜外壳采用统一厂家制作，屏柜外形尺寸、颜色、各部件型号统一。 （7）屏、柜内母线或继保屏屏顶小母线相间与对地距离符合规范要求	（5）屏顶小母线应设置防护措施，屏顶引下线在屏顶穿孔处有胶套或绝缘保护	201040101-T3 屏柜安装成品
201040102	端子箱安装	（1）箱柜安装垂直（误差不大于1.5mm/m）、牢固、完好，无损伤。 （2）箱柜底座框架及本体接地可靠，可开启门应用软铜导线可靠接地。 （3）成列箱柜应在同一轴线上。	（1）复测基础面平整度、埋件位置应分布在基础四角，尺寸与设计图纸相符，与电缆沟之间预留有喇叭口或预埋管道，复测同间隔内或出线间隔同位置端子箱基础是否在同一轴线上。 （2）端子箱安装前检查外观应无变形、划痕，并有可靠的防水、防尘、防潮措施。如端子箱材质采用镜面不锈钢，建议出厂保留板材覆膜，安装完成后及时撕除，加强成品保护，以确保表面光洁度。 （3）端子箱与基础埋件可自加工框架放置	201040102-T1 端子箱安装

续表

编号	项目/工艺名称	工艺标准	施工要点	图片示例
201040102	端子箱安装	（4）电缆排列整齐、美观，固定与防护措施可靠	在端子箱与基础面之间，该框架底部尺寸应与端子箱底座相匹配，与端子箱螺栓连接时，采用不小于 $4mm^2$ 多股铜芯线跨接，确保底座框架可靠接地。底座框架与基础埋件焊接，如无预埋件可采用膨胀螺栓固定，膨胀螺栓定位参照端子箱底部安装孔尺寸在基础上定位。 （4）端子箱安装前确定其正面朝向，参考设计图纸要求，方便巡视及检修正面一般朝向巡视小道或电缆沟，端子箱接地材料选用应符合设计要求，就近与主网连接。 （5）电缆线与加热器应保持一定距离，加热器的接线端子应在加热器下方	 201040102-T2 端子箱二次接线 201040102-T3 端子箱门接地安装

编号	项目/工艺名称	工艺标准	施工要点	图片示例
201040103	二次回路接线	（1）屏柜内配线电流回路应采用电压不低于500V的铜芯绝缘导线，其截面面积不应小于2.5mm²；其他回路截面面积不应小于1.5mm²。 （2）连接门上的电器等可动部位的导线应采用多股软导线，敷设长度应有适当裕度；线束应有外套。塑料管等加强绝缘层；与电器连接时，端部应绞紧，并应加终端附件或搪锡，不得松散、断股；在可动部位两端应用卡子固定。 （3）电缆无交叉，固定牢固，不得使端子排受到机械应力。 （4）芯线按垂直或水平有规律地配置，排列整齐、清晰、美观，回路编号正确，绝缘良好，无损伤。 （5）强、弱电回路，双重化回路，交直流回路不应使用同一根电缆，并应分别成束分开排列。	（1）核对电缆型号必须符合设计。电缆剥除时不得损伤电缆芯线。 （2）电缆号牌、芯线和所配导线的端部的回路编号应正确，字迹清晰且不易褪色。 （3）芯线接线应准确、连接可靠，绝缘符合要求，盘柜内导线不应有接头，导线与电气元件间连接牢固可靠。 （4）宜先进行二次配线，后进行接线。每个接线端子每侧接线宜为1根，不得超过2根。对于插接式端子，不同截面的两根导线不得接在同一端子上；插入的电缆芯剥线长度适中，铜芯不外露。对于螺栓连接端子，需将剥除护套的芯线弯圈，弯圈的方向为顺时针，弯圈的大小与螺栓的大小相符，不宜过大，当接两根导线时，中间应加平垫片。 （5）引入屏柜、箱内的铠装电缆应将钢带切断，切断处的端部应扎紧，钢带应在端子箱一点接地，至保护室的控制电缆屏蔽层在始末两端分别接地，其余短电缆屏蔽层一端接地。	 201040103-T1 屏柜二次接线 201040103-T2 屏柜二次接线

续表

编号	项目/工艺名称	工艺标准	施工要点	图片示例
201040103	二次回路接线	（6）二次回路接地端应接至专用接地铜排。 （7）直线型接线方式应保证直线段水平，间距一致；S 形接线方式应保证 S 弯弧度一致。 （8）芯线号码管长度一致，字体向外	（6）备用芯预留长度应满足接至端子排最远端子的要求，应套标有电缆编号的号码管，且线芯不得裸露。 （7）多股软芯线应压接插入式铜端子或搪锡后接入端子排。 （8）接到端子排的电缆芯线应加号码管，字迹应牢固清晰。 （9）装有静态保护和控制装置屏柜的控制电缆，其屏蔽层接地线应采用螺栓接至专用接地铜排。 （10）每个接地螺栓上所引接的屏蔽接地线鼻不得超过两根。每个接地线鼻压线不得超过 6 跟	
201040200	**蓄电池安装工程**			
201040201	蓄电池安装	（1）蓄电池应排列整齐，高低一致，放置平稳。蓄电池之间的间隙应均匀一致。 （2）蓄电池需进行编号，编号清晰、齐全。 （3）蓄电池间连接线连接可靠、整齐、美观。	（1）支架固定牢靠，水平度误差不大于 5mm；额定电压为 220V 及以下的蓄电池台架可以不接地。 （2）蓄电池组与直流屏之间连接电缆的预留孔洞位置适当，以使电缆走向合理、美观。 （3）蓄电池的安装顺序必须按照设计图纸或厂家图纸及提供的连接排（线）情况进行。	

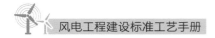
续表

编号	项目/工艺名称	工艺标准	施工要点	图片示例
201040201	蓄电池安装	（4）蓄电池上部或蓄电池端子上应加盖绝缘盖，以防止发生短路。 （5）蓄电池电缆引出线正极为赭色（棕色）、负极为蓝色。 （6）两组蓄电池组间应采取防火隔爆措施	（4）蓄电池组各级电池之间连接线搭接处清洁后涂电力复合脂，并用力矩扳手紧固，力矩大小符合厂家要求。 （5）蓄电池连接的同时，将单体电池的采样线同步接入，接入前确认采样装置侧已接入，以免发生短路。采样线排列整齐，工艺美观	201040201-T1 蓄电池出线电缆安装 201040201-T2 蓄电池安装成品

续表

编号	项目/工艺名称	工艺标准	施工要点	图片示例
201050000	全站电缆施工			
201050100	电缆管配置及敷设			
201050101	电缆保护管配置及敷设工程	（1）热镀锌钢管外观镀锌层完好，无穿孔、裂缝和显著的凹凸不平，内壁光滑。金属软管两端的固定卡具（管箍、短接头、胶圈、衬管、外帽）应齐全。 （2）保护管的内径与电缆外径之比不得小于1.5。 （3）每根电缆管的弯头不应超过3个，直角弯不应超过2个。弯制后，不应有裂缝和显著的凹瘪现象，其弯扁程度不宜大于管子外径的10%；电缆管的弯曲半径不应小于所穿入电缆的最小允许弯曲半径；保护管的弯制角度应大于90°。 （4）明敷电缆管应安装牢固，横平竖直，管口高度、弯曲弧度一致。支点间距离不宜超过	（1）材质要求：保护管宜采用热镀锌钢管、金属软管或硬质塑料管。 （2）保护管制作： 1）根据敷设路径精确测量各设备所需保护管的长度。 2）根据各设备敷设的电缆型号，选择合适的保护管。 3）保护管的管口应进行钝化处理，无毛刺和尖锐棱角，弯曲时宜采用机械冷弯。 4）镀锌保护管管口、锌层剥落处也应涂以防腐漆。 （3）电缆管的安装： 1）金属电缆管不宜直接对焊，宜采用套管焊接方式，连接时两管口应对准、连接牢固、密封良好，套接的短套管或带螺纹的管接头的长度不应小于电缆管外径的2.2倍，两端应封焊；采用金属软管及合金接头做电缆保护接续管时，其两端应固定牢靠、密封良好。	 201050101-T1 电缆保护管制作 201050101-T2 电缆保护管套管连接

编号	项目/工艺名称	工艺标准	施工要点	图片示例
201050101	电缆保护管配置及敷设工程	3m。当塑料管的直线长度超过30m时，宜加装伸缩节；非金属类电缆管宜采用预制的支架固定，支架间距不宜超过2m。 （5）直埋保护管埋设深度应大于700mm。 （6）引至设备的电缆管管口位置，应便于与设备连接并不妨碍设备拆装和进出。并列敷设的电缆管管口应排列整齐，高度一致。 （7）电缆管应有不小于0.1%的排水坡度。 （8）电流、电压互感器等设备的金属管从一次设备的接线盒（箱）引至电缆沟，应将金属管的上端与设备的底座和金属外壳良好焊接。 （9）二次电缆穿管敷设时电缆不应外露	2）硬质塑料管在套接或插接时，其插入深度宜为管子内径的1.1～1.8倍；在插接面上应涂以胶合剂粘牢密封；采用套接时套管两端应采取密封措施。 3）丝扣连接的金属管管端套丝长度应大于1/2管接头长度。 4）保护管敷设采取明敷和直埋两种方式。在易受机械损伤的地方和在受力较大处直埋时，应采用足够强度的管材。 5）保护钢管接地时，应先焊好接地线，再敷设电缆。 6）电缆管敷设时应有防下沉措施。 7）敷设进入端子箱、机构箱及汇控箱的电缆管时，应根据保护管实际尺寸进行开孔，不应开孔过大或拆除箱底板，保护管与操动机构箱交接处应有相对活动裕度	201050101-T3 金属软管安装 201050101-T4 机构箱电缆保护管安装 201050101-T5 电缆保护管成品

编号	项目/工艺名称	工艺标准	施工要点	图片示例
201050200	电缆架制作及安装			
201050201	电缆沟内支架制作及安装	（1）钢材应平直，无明显扭曲。下料误差应在5mm范围内，切口应无卷边、毛刺。 （2）电缆沟内通长扁铁应固定牢固，接地良好，全线连接良好，上下水平。通长扁铁接头处宜平弯后进行搭接焊接，使通长扁铁表面平齐。 （3）电缆支架应固定牢固，无显著变形。各横撑间的垂直净距与设计偏差不应大于5mm。支架的水平间距一致，层间距离不应小于2倍电缆外径加10mm，35kV及以上高压电缆应小于2倍电缆外径加50mm。	（1）材质要求：电缆支架宜采用角钢制作或复合材料制作，工厂化加工，热镀锌防腐。通长扁铁应采用镀锌扁钢。 （2）电缆沟土建项目验收合格（电缆沟内侧平整度、预埋件）。 （3）通长扁铁焊接前应进行校直，安装时宜采用冷弯，焊接牢固。 （4）电缆支架安装前应进行放样，间距应一致。	 201050201-T1 电缆支架放样 201050201-T2 电缆支架安装

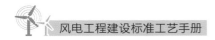

续表

编号	项目/工艺名称	工艺标准	施工要点	图片示例
201050201	电缆沟内支架制作及安装	（4）电缆支架宜与沟壁预埋件焊接，焊接处防腐，安装牢固，横平竖直，各支架的同层横撑应在同一水平面上，其高低偏差不大于5mm，在有坡度的电缆沟内或建筑物上安装的电缆支架，应有与电缆沟或建筑物相同的坡度。 （5）钢结构竖井垂直度偏差不大于其长度的2‰，横撑的水平误差不大于其宽度的2‰，对角线的偏差不应大于其对角线长度的5‰。 （6）电缆沟内通长扁铁跨越电缆沟伸缩缝处应设伸缩弯	（5）金属电缆支架必须进行防腐处理。位于湿热、盐雾以及有化学腐蚀地区时，应做特殊的防腐处理。 （6）金属支架焊接牢固，电缆支架焊接处两侧100mm范围内应做防腐处理。复合材料支架采用膨胀螺栓固定。 （7）在电缆沟十字交叉口、丁字口处宜增加电缆支架，防止电缆落地或过度下垂。 （8）金属支架全长均应有良好的接地电气连接，首末端必须可靠接地，并且每隔30m增加一个接地连接点	201050201-T3 异形支架安装 201050201-T4 通长扁铁伸缩弯安装

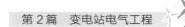
续表

编号	项目/工艺名称	工艺标准	施工要点	图片示例
201050202	电缆层内吊架制作及安装	（1）钢材应平直，无明显扭曲。下料误差应在 5mm 范围内，切口应无卷边、毛刺。 （2）电缆吊架的水平间距应一致，层间距离不应小于 2 倍电缆外径加 10mm，35kV 及以上高压电缆应小于 2 倍电缆外径加 50mm。 （3）电缆吊架宜采用焊接，焊接处防腐，安装牢固，横平竖直，同一层层架应在同一水平面上，其高低偏差不大于 5mm，托架支吊架沿桥架走向左右偏差不大于 10mm。各层层架垂直面应在同一垂直面上，转角处弧度应一致。 （4）直线段电缆桥架超过 30m 时，应有伸缩缝，其连接宜采用伸缩连接板；电缆桥架跨越建筑物伸缩缝处应设置伸缩缝。 （5）电缆桥架转弯处的转弯半径，不应小于该桥架上的电缆最小允许弯曲半径的最大者	（1）对预埋件位置进行检查、复测。 （2）电缆层架（吊架、桥架）到场后进行检验，检验合格后方可安装。 （3）电缆吊架宜根据荷载大小选用角钢或槽钢，焊接后做整体防腐处理；或采用热镀锌材料，焊接后在焊接处局部做防腐处理。 （4）对组装件进行组装。 （5）金属支架全长均应有良好接地	201050202-T1 电缆层吊架成品 201050202-T2 电缆层吊架成品

编号	项目/工艺名称	工艺标准	施工要点	图片示例
201050300	**电缆敷设**			
201050301	直埋电缆敷设	（1）电缆表面距地面的距离不应小于 0.7m，穿越车行道下敷设时不应小于 1m，在引入建筑物、与地下建筑物交叉及绕过地下建筑物处，可浅埋，但应采取保护措施。 （2）电缆应埋设于冻土层以下，当受条件限制时，应采取防止电缆受到损坏的措施。 （3）电缆之间，电缆与其他管道、道路、建筑物等之间平行和交叉时的最小净空距离应符合 GB 50168—2016《电气装置安装工程 电缆线路施工及验收规范》的规定。严禁将电缆平行敷设于管道的上方或下方。 （4）电缆与站区道路交叉时，应敷设于坚固的保护管或隧道内。电缆管的两端宜伸出道路	（1）直埋电缆沟开挖深度宜大于 700mm，宽度宜大于 500mm。 （2）直埋电缆的上、下部应铺以不小于 100mm 厚的软土砂层，并加盖保护板，其覆盖宽度应超出电缆两侧各 50mm，保护板可采用混凝土盖板或砖块。软土或砂子中不应有石块或其他硬质杂物。 （3）直埋电缆回填覆盖前，应经隐蔽工程验收合格，回填土应分层夯实。	 201050301-T1 直埋电缆敷设 201050301-T2 直埋电缆敷设

编号	项目/工艺名称	工艺标准	施工要点	图片示例
201050301	直埋电缆敷设	路基两边500mm以上，伸出排水沟500mm。 （5）直埋电缆在直线段每隔50～100m处、电缆接头处、转弯处、进入建筑物处等，应设置明显的方位标识或标桩	（4）平行排列的10kV以上电力电缆之间间距不小于250mm	
201050302	穿管电缆敷设	（1）管道应排列整齐，走向合理，管径选择合适。 （2）管口排列整齐，封堵严密	（1）电缆管在敷设电缆前，应进行疏通，清除杂物。 （2）穿入管中的电缆的数量应符合设计要求。 （3）交流单芯电缆不得单独穿入钢管内。 （4）穿电缆时，不得损伤护层	 201050302-T1 电缆穿管敷设

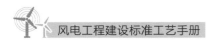

编号	项目/工艺名称	工艺标准	施工要点	图片示例
201050303	支、吊架上电缆敷设	（1）电缆应排列整齐，走向合理，不宜交叉，无下垂现象。室外电缆敷设时不应外露。 （2）最小弯曲半径应为电缆外径的12倍。交联聚氯乙烯绝缘电力电缆：多芯应为15倍，单芯为20倍。 （3）电缆绑扎带间距和带头长度规范统一。 （4）各电缆终端应装设规格统一的标识牌，标识牌的字迹应清晰不易脱落。	（1）电缆敷设时，电缆应从盘的上端引出，不应使电缆在支架上及地面摩擦拖拉，电缆上不得有铠装压扁、电缆绞拧、护层折裂等未消除的机械损伤。 （2）机械敷设电缆的速度不宜超过15m/min。 （3）高、低压电力电缆，强电、弱电控制电缆应按顺序分层配置，一般情况宜由上而下配置，但在含有35kV以上高压电缆引入柜盘时，为满足弯曲半径要求，可由下而上配置。 （4）控制电缆在普通支吊架上不宜超过1层，桥架上不宜超过3层；交流三芯电力电缆在普通支吊架上不宜超过1层，桥架上不宜超过2层。 （5）交流单芯电力电缆应布置在同侧支架上，呈品字形敷设。	201050303-T1 支架上电缆敷设 201050303-T2 支架上电缆敷设

编号	项目/工艺名称	工艺标准	施工要点	图片示例
201050303	支、吊架上电缆敷设	（5）电缆下部距离地面高度应在 100mm 以上。 （6）防静电地板下电缆敷设宜设置电缆盒或电缆桥架并可靠接地	（6）电力电缆与控制电缆不宜配置在同一层支吊架上。 （7）电缆固定：垂直敷设或超过 45°倾斜的电缆每隔 2m 固定；水平敷设的电缆每隔 5～10m 进行固定，电缆首末两端及转弯处、电缆接头处必须固定。交流单芯电力电缆固定夹具或材料不应构成闭合磁路。当按紧贴正三角形排列时，应每隔一定距离用绑带扎牢，以免其松散。 （8）电缆敷设后应及时装设标识牌	201050303-T3 支架上电缆敷设 201050303-T4 吊架上电缆敷设 201050303-T5 电缆牌安装

编号	项目/工艺名称	工艺标准	施工要点	图片示例
201050400	电缆终端制作及安装工程			
201050401	电缆终端制作及安装	（1）单层布置的电缆头的制作高度宜一致；多层布置的电缆头高度可以一致，或从里往外逐层降低；同一区域或每类设备的电缆头的制作高度和样式应统一。 （2）热缩管应与电缆的直径配套，要求缠绕的聚氯乙烯带颜色统一，缠绕密实、牢固；热缩管电缆头应采用统一长度热缩管加热收缩而成。 （3）电缆的屏蔽层接地方式应满足规范要求。	（1）严格按照产品技术要求采用热缩、冷缩绝缘材料制作电缆头。 （2）电缆芯线规格与接线端子规格配套，压接面清洁光滑、压接紧密，接线端子面平整洁净。用于户外的接地线端子应有防雨措施。 （3）制作电缆终端与接头，从剥切电缆开始应连续操作直至完成，缩短绝缘暴露时间。 （4）电缆终端和接头应采取加强绝缘、密封防潮、机械保护等措施。 （5）35kV及以下电缆在剥切线芯绝缘、屏蔽、金属护套时，线芯沿绝缘表面至最近接地点（屏蔽或金属护套端部）的最小距离应符合要求。 （6）塑料绝缘电缆在制作终端头和接头时，应彻底清除半导电屏蔽层。	201050401-T1 控制电缆铠甲、屏蔽层接地

续表

编号	项目/工艺名称	工艺标准	施工要点	图片示例
201050401	电缆终端制作及安装	（4）户外铠装电缆钢带应一点接地，接地点可选在端子箱或汇控柜专用接地铜排上。钢带接地应采用单独的接地线引出，其引出位置宜在电缆头下部的某一统一高度。 （5）电缆屏蔽线、钢带接地线应在电缆的统一的方向分别引出	（7）电缆线芯连接时，应除去线芯和连接管内壁油污及氧化层。压接模具与金具配合恰当。 （8）三芯电力电缆终端处的金属护层应接地良好，单芯电缆应按设计要求接地，必须接地良好；塑料电缆每相铜屏蔽和钢铠应可靠接地。电缆通过零序电流互感器时，电缆金属护层和接地线应对地绝缘，电缆接地点在互感器以下时，接地线应直接接地；接地点在互感器以上时，接地线应穿过互感器接地。 （9）单芯电缆或分相后的各相终端的固定不应形成闭合的铁磁回路，固定处应加装符合规范要求的衬垫。 （10）电缆终端上应有明显的相色标识，且应与系统的相位一致	 201050401-T2 三芯电力电缆安装成品

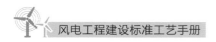
续表

编号	项目/工艺名称	工艺标准	施工要点	图片示例
201050500	电缆防火与阻燃			
201050501	电缆沟内阻火墙	（1）敷设阻燃电缆的电缆沟每隔 80～100m 设置一个隔断，敷设非阻燃电缆的电缆沟宜每隔 60m 设置一个隔断，一般设置在临近电缆沟交叉处。 （2）阻火墙中间采用无机堵料、防火包或耐火砖堆砌，其厚度一般不小于 150mm，两侧采用 10mm 以上厚度的防火板封隔。	（1）在重要的电缆沟和隧道中，按设计要求分段或用软质耐火材料设置阻火墙。 （2）防火涂料应按一定浓度稀释，搅拌均匀，并应顺电缆长度方向进行涂刷，涂刷厚度或次数、间隔时间应符合材料使用要求。 （3）封堵应严实可靠，不应有明显的裂缝和可见的孔隙。	201050501-T1 阻火墙制作 201050501-T1 阻火墙两侧电缆防火涂料

续表

编号	项目/工艺名称	工艺标准	施工要点	图片示例
201050501	电缆沟内阻火墙	（3）阻火墙顶部用有机堵料填平整，并加盖防火板；底部必须留有排水孔洞。 （4）阻火墙应采用耐腐蚀材料支架进行固定。 （5）阻火墙两侧不小于1m范围内电缆应涂刷防火涂料，厚度为（1±0.1）mm。 （6）沟底、防火板的中间缝隙应采用有机堵料做线脚封堵，厚度大于阻火墙表层的10mm，宽度不得小于20mm，呈几何图形，面层平整。 （7）阻火墙上部的电缆盖上应涂刷红色的明显标记	（4）阻火墙两侧的电缆周围利用有机堵料进行密实的分隔包裹，其两侧厚度大于阻火墙表层的20mm，电缆周围的有机堵料宽度不得小于30mm，呈几何图形，面层平整。 （5）电缆沟阻火墙宜预先布置PVC管，以便日后扩建	 201050501-T2 阻火墙成品 201050501-T3 阻火墙标识

编号	项目/工艺名称	工艺标准	施工要点	图片示例
201050502	孔洞、管口封堵	（1）孔洞底部铺设厚度为10mm的防火板，在孔隙口及电缆周围采用有机堵料进行密实封堵，电缆周围的有机堵料厚度不得小于20mm。 （2）用防火包填充或无机堵料浇筑，塞满孔洞。 （3）在孔洞底部防火板与电缆的缝隙处做线脚，线脚厚度不小于10mm，电缆周围的有机堵料的宽度不小于40mm。 （4）电缆管口封堵露出管口厚度不小于10mm	（1）在封堵电缆孔洞时，封堵应严实可靠，不应有明显的裂缝和可见的孔隙，孔洞较大者应加耐火衬板后再进行封堵。 （2）电缆沟壁上电缆孔洞封堵：沟内壁宜用有机堵料封堵严实，沟外壁用水泥砂浆封堵严实。 （3）电缆管口封堵采用有机堵料，封堵严密。 （4）电缆管口封堵时应在管内加入挡板，防止封堵油泥掉落管内	201050502-T1 电缆保护管封堵 201050502-T2 电缆保护管封堵 201050502-T3 机构箱封堵

续表

编号	项目/工艺名称	工艺标准	施工要点	图片示例
201050503	盘、柜底部封堵	（1）盘、柜底部用厚度为10mm防火板封隔，隔板安装平整牢固，安装中造成的工艺缺口、缝隙使用有机堵料密实地嵌于孔隙中，并做线脚，线脚厚度不小于10mm，宽度不小于20mm，电缆周围的有机堵料的宽度不小于40mm，呈几何图形，面层平整。 （2）防火板不能封隔到的盘、柜底部空隙处，以有机堵料严密封实，有机堵料面应高出防火板10mm以上，并呈几何图形，面层平整。 （3）在预留的保护柜孔洞底部铺设厚度为10mm的防火板，在孔隙口用有机堵料进行密实封堵，用防火包填充或无机堵料浇筑，塞满孔洞。在预留孔洞的上部再采用钢板或防火板进行加固，以确保作为人行通	（1）按照盘、柜底部尺寸切割防火板。 （2）在封堵盘、柜底部时，封堵应严实可靠，不应有明显的裂缝和可见的孔隙，孔洞较大者应加防火板后再进行封堵	201050503-T1 端子箱防火封堵 201050503-T2 盘柜防火封堵 201050503-T3 盘柜防火封堵

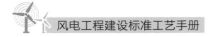

续表

编号	项目/工艺名称	工艺标准	施工要点	图片示例
201050503	盘、柜底部封堵	道的安全性，如果预留的孔洞过大应采用槽钢或角钢进行加固，将孔洞缩小后方可加装防火板（孔洞的规格应小于400mm×400mm）。 （4）盘柜底部的专用接地铜排离底部不小于50mm，便于封堵		
201060000	**全站防雷及接地安装**			
201060100	**避雷针的引下线安装**			
201060101	独立避雷针引下线安装	（1）接地引线与避雷针本体应采用螺栓连接，以便于测量接地阻抗。 （2）至少两点与集中接地装置相连。 （3）接地体连接可靠，工艺美观。 （4）螺栓连接的接地线螺栓丝扣外露长度一致，配件齐全。接地引线地面以上部分应采用黄绿接地标识，间隔宽度、顺	（1）接地引下线应采用经热浸锌处理的扁钢。 （2）独立避雷针应设独立的集中接地装置，其接地阻抗值应符合要求。当有困难时，该接地装置可与接地网相连，但避雷针与主地网的地下连接点至35kV及以下设备与主地网的地下连接点，沿接地体的长度不得小于15m。 （3）独立避雷针及其接地装置与道路或建筑物的出入口等的距离应大于3m。当小于	 201060101-T1 独立避雷针引下线安装

编号	项目/工艺名称	工艺标准	施工要点	图片示例
201060101	独立避雷针引下线安装	序一致，最上面一道为黄色，接地标识宽度为 15~100mm。 （5）接地端子底部与保护帽顶部距离以不小于 200mm 为宜	3m 时，应根据设计要求采取均压措施或铺设卵石或沥青地面。 （4）独立避雷针的接地装置与接地网的地中距离不应小于 3m。 （5）用于地面以上的镀锌扁钢应进行校直。 （6）扁钢弯曲时，应采用机械冷弯，避免热弯损坏锌层。 （7）焊接位置及锌层破损处应防腐。 （8）接地标识涂刷应一致	 201060101-T2 独立避雷针引下线安装
201060102	构架避雷针的引下线安装	（1）带避雷针的构架应双接地。构架避雷针除与主接地网相连外，还应与单独设置的集中接地装置相连。 （2）钢管构架接地端子高度、方向一致，接地端子底部与保护帽顶部距离以不小于 200mm 为宜。 （3）接地扁钢上端面与钢构架接地端子上端面平齐，接地扁钢切割面、钻孔处、焊接处须做好防腐处理。	（1）混凝土构架接地材料宜采用镀锌圆钢或镀锌扁钢，钢管构支架宜采用镀锌扁钢。 （2）接地线弯制前应先校平、校直，校正时不得用金属体直接敲打接地线，以免破坏镀锌层。弯制采取冷弯制作，镀锌层遭破坏时，要重新防腐。 （3）钢管构架筒壁厚度大于 4mm 时，可作为避雷针的接地引线。筒体底部用 2 根接地扁钢与接地端子对称相连。 （4）钢管构架接地引线与钢管壁之间应适当留有间隙，便于测量接地阻抗。	 201060102-T1 构架避雷针的引下线安装

续表

编号	项目/工艺名称	工艺标准	施工要点	图片示例
201060102	构架避雷针的引下线安装	（4）螺栓连接的接地线螺栓丝扣外露长度一致，配件齐全。接地引线地面以上部分应采用黄绿接地标识，间隔宽度、顺序一致，最上面一道为黄色，接地标识宽度为 15～100mm	（5）混凝土构架接地线应采用焊接方式，应从杆顶钢箍处焊接，在构架中间钢箍处采用折弯方式对接；焊接长度均不少于圆钢直径的 6 倍，扁钢宽度的 2 倍。（6）接地标识涂刷应一致	201060102-T2 构架避雷针的引下线安装
201060200	**接地装置安装**			
201060201	主接地网安装	（1）接地体顶面埋深应符合设计规定，当设计无规定时，不应小于 600mm。（2）垂直接地体间的间距不宜小于其长度的 2 倍，水平接地体的间距不宜小于 5m。（3）接地体的连接应采用焊接，焊接必须牢固、无虚焊，焊接位置两侧 100mm 范围内及锌层破损处应防腐。	（1）根据设计图纸对主接地网敷设位置、网格大小进行放线，接地沟开挖深度以设计或规范要求的较高标准为准，且留有一定的余度。（2）水平接地体宜采用热镀锌扁钢、圆钢或铜绞线和铜排，垂直接地体宜采用热镀锌角钢、铜棒和镀铜钢材。（3）接地线弯制时，应采用机械冷弯，避免热弯损坏锌层。（4）铜绞线、铜排等接地体焊接采用热熔焊，焊接时应预热模具，模具内热熔剂填充	201060201-T1 接地体埋深测量

续表

编号	项目/工艺名称	工艺标准	施工要点	图片示例
201060201	主接地网安装	（4）采用焊接时搭接长度应满足：扁钢搭接为其宽度的2倍；圆钢搭接为其直径的6倍；扁钢与圆钢搭接时长度为圆钢直径的6倍	密实，点火过程安全防护可靠。接头内导体应熔透，保证有足够的导电截面。铜焊接头表面光滑、无气泡，应用钢丝刷清除焊渣并涂刷防腐漆。 （5）接地体正交搭接焊接时，除应在接触部位两侧进行焊接外，还应采取补救措施，使其搭接长度满足要求。 （6）设备接地引出线应靠近设备基础，埋入基础内的水平接地体在基础沉降缝处应设置伸缩弯	201060201-T2 扁钢接地体焊接
201060202	构支架接地安装	（1）接地线焊接均匀，焊缝高度、搭接长度符合规范要求。 （2）混凝土构支架接地线与杆壁贴合紧密。 （3）接地线应顺直、美观。 （4）钢管构架接地端子高度、方向一致，接地端子底部与保护帽顶部距离不小于200mm。 （5）混凝土构架接地标识高度一致、方向一致，便于观测。	（1）避雷器、电压互感器、电流互感器、断路器支架应双接地。对铜质接地网，原则上除变压器采用双接地引下线外，其余设备可采用单根接地线引下。每台电气设备应以单独的接地体与接地网连接，不得串接在一根引下线上。 （2）混凝土构架接地材料宜采用镀锌圆钢或镀锌扁钢，钢管构支架宜采用镀锌扁钢，型号符合设计要求。 （3）接地线弯制前应先校平、校直，校正时不得用金属体直接敲打接地线，以免破坏	201060202-T1 户外配电装置进线接地安装

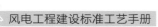

编号	项目/工艺名称	工艺标准	施工要点	图片示例
201060202	构支架接地安装	（6）钢管构支架接地扁钢上端面与构支架接地端子上端面平齐，接地扁钢切割面、钻孔处、焊接处须做好防腐处理。 （7）螺栓连接的接地线螺栓丝扣外露长度一致，配件齐全。接地引线地面以上部分应采用黄绿接地标识，间隔宽度、顺序一致，最上面一道为黄色，接地标识宽度为15～100mm	镀锌层。弯制采取冷弯制作，镀锌层遭破坏时，要重新防腐。 （4）钢管构支架接地引线与钢管壁之间应适当留有间隙，便于测量接地阻抗。 （5）混凝土构架接地线应采用焊接方式，应从杆顶钢箍处焊接，在构架中间钢箍处采用折弯方式对接，焊接长度均不少于圆钢直径的6倍，扁钢宽度的2倍。 （6）支架接地引线在杆顶钢箍处直接引下，焊接长度均不少于圆钢直径的6倍，扁钢宽度的2倍。 （7）接地标识涂刷应一致	201060202-T2 户外配电装置设备支柱接地
201060203	爬梯接地安装	（1）接地线位置一致，方向一致。 （2）接地线弯制弧度弯曲自然、工艺美观。 （3）接地引线地面以上部分应采用黄绿接地标识，间隔宽度、顺序一致，最上面一道为黄色，接地标识宽度为15～100mm。	（1）变电站内爬梯应可靠接地。可采取直接连接主接地网或通过接地端子与主接地网连接的方式。 （2）爬梯接地线材料采用镀锌圆钢或镀锌扁钢，表面锌层完好，无损伤。 （3）爬梯接地线搭接可采用焊接和螺栓连接两种方式。 （4）采用焊接时焊接长度均不少于圆钢直径的6倍，扁钢宽度的2倍，3面焊接。	201060203-T1 爬梯接地安装

编号	项目/工艺名称	工艺标准	施工要点	图片示例
201060203	爬梯接地安装	（4）螺栓连接接触面紧密，连接牢固，螺栓丝扣外露长度一致，配件齐全。 （5）爬梯如分段组装，两段接头处未使用螺栓连接，则应加跨接线	（5）采用螺栓连接时，可采用直线连接和垂直连接两种方式。 （6）接地线弯制应采用冷弯制作。 （7）接地标识涂刷一致	 201060203-T2 爬梯接地安装
201060204	设备接地安装	（1）同类设备的本体接地引下线位置一致，方向一致。 （2）接地线弯制弧度弯曲自然、工艺美观。 （3）接地引线地面以上部分应采用黄绿接地标识，间隔宽度、顺序一致，最上面一道为黄色，接地标识宽度为15～100mm。	（1）断路器、隔离开关、互感器、电容器等一次设备底座（外壳）均需接地。 （2）接地线材料宜采用铜排、镀锌扁钢和软铜线。 （3）接地铜排两端搭接面应搪锡。 （4）接地引线与设备本体采用螺栓搭接，搭接面紧密。 （5）机构箱可开启门应用4mm² 软铜导线可靠连接接地。	 201060204-T1 电流互感器本体接地安装

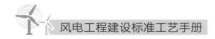

编号	项目/工艺名称	工艺标准	施工要点	图片示例
201060204	设备接地安装	（4）螺栓连接接触面紧密，连接牢固，螺栓丝扣外露长度一致，配件齐全	（6）机构箱箱体接地线连接点应连接在最靠近接地体侧。 （7）隔离开关垂直连杆应用软铜辫与最靠近接地体侧连接	201060204-T2 断路器接地安装 201060204-T3 机构箱接地安装

续表

编号	项目/工艺名称	工艺标准	施工要点	图片示例
201060205	屏柜内接地安装	（1）专用接地铜排的接线端子布设合理，间隔一致。 （2）一个接地螺栓上安装不超过 2 个接地线鼻。每个接线鼻子最多压 6 根屏蔽线。 （3）电缆屏蔽接地线压接牢固，绑扎整齐，走线合理、美观。 （4）可开启的屏柜（箱）门接地线齐全、牢固	（1）屏柜（箱）框架和底座接地良好。 （2）有防振垫的屏柜：每列屏有两点以上明显接地。 （3）静态保护和控制装置的屏柜下部应设有截面面积不小于 100mm² 的接地铜排。屏柜上装置的接地端子应用截面面积不小于 4mm² 的多股铜线和接地铜排相连。屏柜内的接地铜排应用截面面积不小于 50mm² 的铜缆与保护室内的等电位接地网相连。开关场的就地端子箱内应设置截面面积不少于 100mm² 的裸铜排，并使用截面面积不少于 100mm² 的铜缆与电缆沟道内的等电位接地网连接。 （4）屏柜（箱）内应分别设置接地母线和等电位屏蔽母线，并由厂家制作接地标识。 （5）屏柜（箱）可开启门应采用多股软铜导线可靠连接接地。 （6）电缆屏蔽接地线采用 4mm² 黄绿相间的多股软铜线与电缆屏蔽层紧密连接，接至专用接地铜排。 （7）接地线采用多股软铜线连接时应压接专用接线鼻。每个接线鼻子最多压 6 根屏蔽线	201060205-T1 屏柜内接地安装 201060205-T2 屏柜内接地安装 201060205-T3 保护装置本体接地点安装

续表

编号	项目/工艺名称	工艺标准	施工要点	图片示例
201060206	户内接地装置安装	（1）接地线的安装位置应合理，便于检查，不妨碍设备检修和运行巡视；接地线的安装应美观，防止因加工方式不当造成接地线截面减小、强度减弱、容易生锈的现象。 （2）接地体一般采用暗敷，沿墙设有室内检修接地端子盒。 （3）接地线暗敷时，临时接地点采用埋设于墙体内的接地端子盒型式。盒体底部距离室内地面高度统一为0.3m，暗敷于室内墙体，盒门采用不小于4mm²多股软铜线跨接至盒体接地，盒门外侧刷边长为60mm的等边倒三角形，白色底漆，并标以黑色标识。 （4）接地点应方便检修使用	（1）接地体宜采用热镀锌扁钢，一般采用暗敷方式。 （2）接地线弯制前应先校平、校直，校正时不得用金属体直接敲打接地线，以免破坏镀锌层。弯制采取冷弯制作，镀锌层遭破坏时，要重新防腐。 （3）建筑物接地应和主接地网进行有效连接。暗敷在建筑物抹灰层内的引下线应有卡钉分段固定，主控室、高压室应设置不少于2个与主网相连的检修接地端子。 （4）接地网遇门处拐角埋入地下敷设，埋深250～300mm，接地线与建筑物墙壁间的间隙宜为10～15mm，接地干线敷设时，注意土建结构及装饰面。当接地线跨越建筑物变形缝时，应设补偿装置，补偿装置可用接地线本身弯成弧状代替。 （5）焊接位置（焊缝100mm范围内）及锌层破损处应进行防腐处理。 （6）接地引线颜色标识应符合规范	201060206-T1 户内接地箱安装 201060206-T2 户内接地箱接地端子安装

编号	项目/工艺名称	工艺标准	施工要点	图片示例
201070000	通信系统设备安装			
201070100	通信二次设备安装			
201070101	光端机安装	（1）基础型钢不直度不大于1mm/m，全长不大于5mm；水平度误差不大于1mm/m，全长误差不大于5mm；位置误差及全长不平行度不大于5mm。 （2）屏柜底座与基础连接牢固，导通良好，可开启屏门用软铜导线可靠接地。 （3）屏柜体垂直度误差小于1.5mm/m，相邻两柜顶部水平度误差小于2mm，成列柜顶部水平度误差小于5mm；相邻两柜盘面误差小于1mm，成列柜面盘面误差小于5mm，相间接缝误差小于2mm。 （4）屏柜面平整，附件齐全，门锁开闭灵活，照明装置完好，盘、柜前后标识齐全、清晰	（1）基础复测。预埋槽钢垂直度偏差、平行间距误差、单根槽钢平整度及平行槽钢整体平整度误差复测，核对槽钢预埋长度与设计图纸是否相符，检查电缆孔洞应与盘柜匹配，基础槽钢与主接地网连接可靠。 （2）屏柜位置确定。 （3）屏柜外形尺寸、颜色宜与室内保护屏柜保持一致。检查屏柜外观面漆应无明显剐蹭痕迹，外壳无变形，屏、柜面和门把手完好，内部电气元件固定无松动。 （4）屏柜应采用螺栓固定，紧固件应经热镀锌防腐处理。 （5）光纤连接线在沟道内应加塑料子管或采用槽盒进行保护，两端预留长度应统一。 （6）电缆、光纤、网线均应做好相应标识	201070101-T1 通信接口柜安装

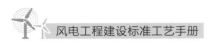
续表

编号	项目/工艺名称	工艺标准	施工要点	图片示例
201070102	程控交换机安装	（1）基础型钢不直度不大于1mm/m，全长不大于5mm；水平度误差不大于1mm/m，全长误差不大于5mm；位置误差及全长不平行度不大于5mm。 （2）屏柜体垂直度误差小于1.5mm/m，相邻两柜顶部水平度误差小于2mm，成列柜顶部水平度误差小于5mm；相邻两柜盘面误差小于1mm，成列柜面盘面误差小于5mm，相间接缝误差小于2mm。 （3）屏柜体底座与基础连接牢固，导通良好，可开启屏门用软铜导线可靠接地。 （4）屏柜面平整，附件齐全，门销开闭灵活，照明装置完好，盘、柜前后标识齐全、清晰。 （5）机架内各种线缆应使用活扣扎带统一编扎，活扣扎带间距为100～200mm，缆线应顺直，无明显扭绞	（1）基础复测。预埋槽钢垂直度偏差、平行间距误差、单根槽钢平整度及平行槽钢整体平整度误差复测，核对槽钢预埋长度与设计图纸是否相符，检查电缆孔洞应与盘柜匹配，基础槽钢与主接地网连接可靠。 （2）机架设备安装。检查设备外观面漆无明显剐蹭痕迹，外壳无变形，屏、柜面和门把手完好，内部电气元件固定无松动。 （3）电缆布设：对于卡接电缆芯线，卡线位置、长度应一致，穿线孔可视，卡接处芯线不允许扭绞。 （4）金属铠装缆线从机房外引入时，缆线外铠装必须与机架接地相连，音频电缆芯线必须经过过电流、过电压保护装置方能接入设备	201070102-T1 程控交换机安装 201070102-T2 程控交换机安装

续表

编号	项目/工艺名称	工艺标准	施工要点	图片示例
201070103	光缆敷设及接线	（1）导引光缆应采用阻燃、防水的非金属光缆。 （2）进场光缆由接续盒引下的导引光缆至电缆沟地埋部分应穿热镀锌钢管保护，钢管两端做防水封堵。 （3）线路光缆引下线固定可靠，余缆固定及弯曲半径符合要求、工艺美观。导引光缆应排列整齐，走向合理，不宜交叉，最小弯曲半径应不小于缆径的 25 倍。 （4）所有数据双绞线、同轴电缆、光纤缆芯均需挂牌，走线合理，排列整齐；导引光缆两端及转弯处应装设规格统一的标识牌，标识牌的字迹应清晰不易脱落；光缆经由走线架、拐弯点、上线柜、每层楼开门处应绑扎固定，光缆排列应整齐。	（1）光纤接头损耗应达到设计规定值，光纤熔接后应采用热熔套管保护。 （2）光缆接续时应注意光缆端别、光纤纤序正确，且应对光缆端别及纤序做识别标识。 （3）光纤预留在接头盒内应保证足够的盘绕半径，并无挤压、松动。 （4）尾纤接线顺畅自然，多余部分盘放整齐，备用芯加套头保护。	 201070103-T1 OPGW 尾缆安装 201070103-T2 线路避雷线接地安装

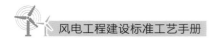

续表

编号	项目/工艺名称	工艺标准	施工要点	图片示例
201070103	光缆敷设及接线	（5）架空避雷线应与变电站接地装置相连，并设置便于地网电阻测试的断开点。光缆沿构架敷设应与构架采取绝缘措施，在构架法兰处采取必要防护措施。 （6）数字配线架跳线整齐；同轴电缆与电缆插头的焊接牢固、接触良好，插头的配件装配正确牢固；尾纤弯曲半径不小于40mm，编扎顺直，无扭绞	（5）导引光缆应宜配置在缆沟底层支吊架上；在电缆沟内敷设的无铠装的通信电缆和光缆应采用非金属保护管或金属槽盒进行保护	 201070103-T3 电缆沟中光缆敷设
201070200	**通信系统防雷、接地工程**			
201070201	通信系统防雷、接地	（1）通信机房的屏位下应敷设专用的环形接地网，并与变电站的主接地网有不少于两点的可靠连接，接地网一般采用不小于90mm²的铜排或120mm²的镀锌扁钢。	（1）通信站（机房）必须采用联合接地。 （2）直流电源工作地应从接地汇集排直接接到接地母线上。 （3）通信用交直流屏及整流器金属架接地良好。	 201070201-T1 通信设备直流电源电源侧正极接地安装

续表

编号	项目/工艺名称	工艺标准	施工要点	图片示例
201070201	通信系统防雷、接地	（2）电缆的屏蔽层应两端接地。铠装电缆进入机房前，应将铠带和屏蔽同时接地；通信设备的金属机架、屏柜的金属骨架、电缆的金属护套等保护接地应统一接在柜内的接地母线上，并必须用独立的接地线接在机房内的环形接地母线上，严禁串接接地。 （3）通信设备直流电源的正极，在电源侧和通信设备侧均应直接接地，在电源屏侧接地时采用不低于25mm²的铜绞线，在负载侧接地时采用不低于2.5mm²的接地线	（4）音频电缆备用线在配线架上接地	 201070201-T2 通信设备直流电源负载侧正极接地安装

第 3 篇

场区配电
架空线路工程

编号	项目/工艺名称	工艺标准	施工要点	图片示例
301010000	架线工程			
301010100	导地线压接			
301010101	导线耐张管压接	（1）耐张管、引流板的型号和引流板的角度应符合图纸要求。 （2）导线的连接部分不得有线股绞制不良、断股、缺股等缺陷。压接后管口附近不得有明显的松股现象。 （3）铝件的电气接触面应平整、光洁，不允许有毛刺或超过板厚极限偏差的碰伤、划伤、凹坑及压痕等缺陷。 （4）压后对边距最大值不应超过尺寸推荐值。 （5）压后弯曲度不能大于1.6%，否则应校直，校直后的耐张管不得有裂纹。 （6）握着强度不小于设计使用拉断力的95%	（1）割线印记准确，断口整齐，不得伤及钢芯及不需切割的铝股。 （2）将压接管及导线表面清洗干净，导线表面用细钢丝刷清刷表面氧化膜，均匀涂抹一层电力复合脂，保留电力复合脂进行压接。 （3）施压时，液压机两侧管、线要抬平扶正，保证压接管的平、正，压后耐张管棱角顺直。有明显弯曲时应校直，校直后的压接管如有裂纹应切断重接。 （4）钢管压接后清理压接飞边和毛刺，凡锌皮脱落者，不论是否裸露于外，皆涂以富锌漆；对清除钢芯上防腐剂的钢管，压后应将管口及裸露于铝线外的钢芯上都涂以富锌漆，以防生锈。铝管压后的飞边、毛刺应锉平，并用 0 号砂纸磨光。用精度不低于0.02mm 并检定合格的游标卡尺测量压后尺寸。 （5）压接完成检查合格后，打上操作者的钢印	 301010101-T1 导线耐张管压接成品

编号	项目/工艺名称	工艺标准	施工要点	图片示例
301010102	导线接续管压接	（1）接续管的型号应符合图纸要求。 （2）导线的连接部分不得有线股绞制不良、断股、缺股等缺陷；压接后管口附近不得有明显的松股现象。 （3）铝件的电气接触面应平整、光洁，不允许有毛刺或超过板厚极限偏差的碰伤、划伤、凹坑及压痕等缺陷。 （4）压后对边距最大值不应超过推荐值尺寸。 （5）压后弯曲度不能大于1.6%，否则应校直，校直后的接续管不得有裂纹。 （6）握着强度不小于设计使用拉断力的95%	（1）割线印记准确，断口整齐，不得伤及钢芯及不需切割的铝股。 （2）当使用对穿管时，应在线上画出1/2管长的印记，穿管后确保印记与管口吻合。 （3）将接续管及导线表面清洗干净，导线表面用细钢丝刷清刷表面氧化膜，均匀涂抹一层电力复合脂，保留电力复合脂进行压接。 （4）施压时，液压机两侧管、线要抬平扶正，保证接续管的平、正，压后接续管棱角顺直。有明显弯曲时应校直，校直后的压接管如有裂纹应切断重接。 （5）钢管压接后清理压接飞边和毛刺，凡锌皮脱落者，不论是否裸露于外，皆涂以富锌漆；对清除钢芯上防腐剂的钢管，压后应将管口及裸露于铝线外的钢芯上都涂以富锌漆，以防生锈。铝管压后的飞边、毛刺应锉平并用0号砂纸磨光。用精度不低于0.02mm并检定合格的游标卡尺测量压后尺寸。 （6）压接完成检查合格后，打上操作者的钢印	 301010102-T1 导线接续管压接成品

编号	项目/工艺名称	工艺标准	施工要点	图片示例
301010103	导线补修	（1）补修管或预绞丝型号应符合图纸要求。 （2）根据导线的损伤程度，按规程选用补修管或预绞丝。 （3）补修管不允许有毛刺或硬伤等缺陷，其长度应能包裹导线损伤的面积。 （4）补修管压后应平直，光滑。 （5）预绞丝的长度应能包裹导线损伤的面积，缠绕长度最短不应小于 3 个节距	（1）补修管必须能全部包裹损伤区，并使损伤区位于管中心位置。 （2）补修管压后的飞边、毛刺应锉平，并用 0 号砂纸磨光。 （3）预绞丝缠绕要保证两端整齐，缠绕时保持原预绞形状	 301010103-T1 导线压接补修管成品
301010104	地线耐张管压接	（1）地线耐张管型号应符合设计要求。 （2）地线的连接部分不得有线股绞制不良、断股、缺股等缺陷，连接后管口附近不得有明显的松股现象。 （3）热镀锌钢件，镀锌完好不得有掉锌皮现象。 （4）耐张管压后应平直光滑。压后对边距最大值不应超过推荐值尺寸。压后弯曲度不能大于 1.6%，否则应校直，校直后的耐张管不得有裂纹。 （5）握着强度不小于设计使用拉断力的 95%	（1）割线印记准确，断口整齐。 （2）压接管清洗干净。 （3）施压时，液压机两侧管、线要顺直，压后接续管棱角顺直。有明显弯曲时应校直，校直后的压接管如有裂纹应切断重接。 （4）钢管压接后清理压接飞边和毛刺，凡锌皮脱落者，不论是否裸露于外，皆涂以富锌漆；对清除钢芯上防腐剂的钢管，压后应将管口及裸露于铝线外的钢芯上都涂以富锌漆，以防生锈。用精度不低于 0.02mm 并检定合格的游标卡尺测量压后尺寸。 （5）压接完成检查合格后，打上操作者的钢印	 301010104-T1 地线耐张管压接成品

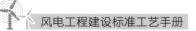

编号	项目/工艺名称	工艺标准	施工要点	图片示例
301010105	地线接续管压接	（1）地线接续管型号应符合设计要求。 （2）地线的连接部分不得有线股绞制不良、断股、缺股等缺陷，连接后管口附近不得有明显的松股现象。 （3）热镀锌钢件，镀锌完好不得有掉锌皮现象。 （4）接续管压后应平直光滑，压后对边距最大值不应超过推荐值尺寸。压后弯曲度不能大于1.6%，否则应校直，校直后的接续管不得有裂纹。 （5）握着强度不小于设计使用拉断力的95%	（1）割线印记准确，断口整齐。 （2）当使用对穿管时，应在线上画出1/2管长的印记，穿管后确保印记与管口吻合。 （3）压接管清洗干净。 （4）施压时，液压机两侧管、线要抬平扶正，压后接续管棱角顺直。有明显弯曲时应校直，校直后的压接管如有裂纹应切断重接。 （5）钢管压接后清理压接飞边和毛刺，凡锌皮脱落者，不论是否裸露于外，皆涂以富锌漆；对清除钢芯上防腐剂的钢管，压后应将管口及裸露于铝线外的钢芯上都涂以富锌漆，以防生锈。用精度不低于0.02mm并检定合格的游标卡尺测量压后尺寸。 （6）压接完成检查合格后，打上操作者的钢印	301010105-T1 地线接续管压接成品
301010200	**导线耐张绝缘子串安装**			
301010201	单联导线耐张绝缘子串安装	（1）绝缘子表面完好干净。在安装好弹簧销子的情况下，球头不得自碗头中脱出。绝缘子串与端部附件不应有明显的歪斜。 （2）绝缘子串上的各种螺栓、穿钉及弹簧销子，除有固定的穿向外，其余穿向应统一。 （3）球头和碗头连接的绝缘子应有可靠的锁紧装置	（1）对绝缘子串应逐个进行检查，绝缘子表面要擦洗干净，避免损伤。 （2）金具串连接要注意检查碗口球头与弹簧销子是否匹配。 （3）各种螺栓、销钉穿向符合要求，金具上所用闭口销的直径必须与孔径相匹配，且弹力适度。 （4）锁紧销的装配应使用专用工具，以免损坏金属附件的镀锌层	301010201-T1 单导线耐张绝缘子串安装成品

编号	项目/工艺名称	工艺标准	施工要点	图片示例
301010300	引流线制作			
301010301	软引流线制作	（1）柔性引流线应呈近似悬链线状自然下垂。 （2）引流线不宜从均压环内穿过，并避免与其他部件相摩擦。 （3）铝制引流连板的连接面应平整、光洁，并沟线夹的接触面应光滑。 （4）引流线间隔棒（结构面）应垂直于引流线束。 （5）引流线安装后，检查引流线弧垂及引流线与塔身的最小间隙，应符合要求。 （6）如采用引流线专用的悬垂线夹，其结构面应垂直于引流线束	（1）制作引流线的导线应未经过牵引。 （2）安装引流线线夹和间隔棒应从中间向两端安装，导线应自然顺畅，分裂导线间距保持一致。 （3）引流线的走向应自然、顺畅、美观，呈近似悬链状自然下垂。引流线如有与均压环等金具可能发生摩擦碰撞时，应加装小间隔棒固定。 （4）耐张线夹引流连板的光洁面必须与引流线夹连板的光洁面接触，接触面要清洗干净，均匀涂抹一层电力复合脂。螺栓穿向应符合要求，紧固应达到扭矩要求。 （5）引流线安装完毕后应检查电气间隙是否符合设计要求。 （6）引流线引流板的朝向应满足使导线的盘曲方向与安装后的引流线弯曲方向一致	 301010301-T1 软引流线安装成品（绕跳） 301010301-T2 软引流线安装成品（直跳）

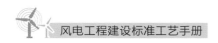

编号	项目/工艺名称	工艺标准	施工要点	图片示例
301010400	**防振锤安装**			
301010401	导线防振锤安装	（1）防振锤安装距离要符合设计要求。 （2）导线防振锤应与地平面垂直，其安装距离允许偏差不大于±24mm。 （3）安装防振锤时需加装铝包带。 （4）防振锤分大小头时，大小头及螺栓的穿向应符合图纸要求	（1）防振锤要无锈蚀、无污物，锤头与挂板应成一平面。 （2）防振锤在线上应自然下垂，锤头与导线应平行，并与地面垂直。 （3）铝包带顺外层线股绞制方向缠绕，缠绕紧密，露出线夹不大于10mm，端头应压在线夹内。 （4）安装距离应符合设计规定，螺栓紧固力应达到扭矩要求。 （5）防振锤分大小头时，朝向和螺栓穿向应按要求统一	 301010401-T 导线防振锤安装成品
301010402	地线防振锤安装	（1）防振锤安装距离要符合设计要求。 （2）地线防振锤应与地平面垂直，其安装距离允许偏差不大于±24mm。 （3）防振锤分大小头时，大小头及螺栓的穿向应符合图纸要求	（1）防振锤要无锈蚀、无污物，锤头与挂板应成一平面。 （2）防振锤在线上应自然下垂，锤头与线应平行，并与地面垂直。 （3）如需缠绕铝包带时，铝包带顺外层线股绞制方向缠绕，缠绕紧密，露出线夹不大于10mm，端头应压在线夹内。 （4）安装距离应符合设计规定，螺栓紧固力应达到扭矩要求。 （5）防振锤分大小头时，朝向和螺栓穿向应按要求统一	 301010402-T1 地线防振锤安装成品

续表

编号	项目/工艺名称	工艺标准	施工要点	图片示例
301020000	接地工程			
301020100	接地安装			
301020101	接地引下线安装	（1）接地引下线材料、规格及连接方式要符合规定，要进行热镀锌处理。 （2）接地引下线连板与杆塔的连接应接触良好，接地引下线应平敷于基础及保护帽表面。 （3）接地引下线引出方位与杆塔接地孔位置相对应。接地引下线应平直、美观。 （4）接地引下线与杆塔的连接应便于断开测量接地电阻。接地螺栓宜采用可拆卸的防盗螺栓	（1）铁塔审图时注意接地孔位置，确保接地引下线安装顺利。 （2）接地引下线的规格、焊接长度应符合设计要求。 （3）铁塔接地引下线要紧贴塔材和基础及保护帽表面引下，引下线煨弯宜采用煨弯工具。应避免在煨弯过程中引下线与基础及保护帽磕碰造成边角破损影响美观。 （4）接地板与塔材应接触紧密。 （5）使用的连接螺栓长度应合适	301020101-T1 接地引下线安装成品

续表

编号	项目/工艺名称	工艺标准	施工要点	图片示例
301020102	接地体制作	（1）接地体连接前应清除连接部位的浮锈，接地体间连接必须可靠。 （2）水平接地体敷设宜满足下列规定： 　1）遇倾斜地形宜等高线敷设。 　2）两接地体间的平行距离不应小于5m。 　3）接地体铺设应平直。 　4）对无法满足上述要求的特殊地形，应与设计协商解决。 （3）垂直接地体打入深度应满足要求，应垂直打入，并防止晃动。 （4）接地体焊接部分应进行防腐处理	（1）接地体的规格、埋深不应小于设计规定。 （2）接地体应采用搭接施焊，圆钢搭接长度应不小于直径的6倍并双面施焊；扁钢搭接长度应不小于宽度的2倍并四面施焊。焊缝要平滑饱满。 （3）圆钢采用液压连接时，其接续管的型号与规格应与所压圆钢匹配。接续管的壁厚不得小于3mm。接续管的长度不得小于：①搭接时圆钢直径的10倍；②对接时圆钢直径的20倍	 301020102-T1 接地体焊接  301020102-T2 接地体焊接防腐处理

编号	项目/工艺名称	工艺标准	施工要点	图片示例
301020103	接地模块安装	（1）接地体及接地模块基坑开挖应选择在等高线上，避免在斜坡上，且相互间距不小于5m。 （2）接地模块的埋设深度必须符合设计要求，埋深应以接地模块顶面算起，基坑开挖深度应考虑坑底垫腐蚀土和接地模块厚度要求。 （3）接地模块与接地射线的连接可采用焊接、熔粉放热连接、螺栓连接、并沟线夹连接和套管压接等多种方式连接。 （4）为了减少模块之间的屏蔽效应，模块定位必须准确，符合设计及厂家要求，相邻接地模块之间的间距不小于5m。 （5）接地焊接部分应进行防腐处理	（1）接地模块基坑开挖，基坑深度应满足模块埋深要求，基坑宽度应考虑接地模块焊接和安装施工。 （2）接地框及射线安装连接应牢固，埋深符合要求。 （3）接地模块与接地框、接地线连接牢固，连接点应采取防腐措施。 （4）与接地线和接地模块接触的回填土应采用导电性良好的细碎土并压实	 301020103-T1 接地模块连接 301020103-T2 接地模块布置

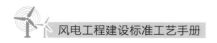

编号	项目/工艺名称	工艺标准	施工要点	图片示例
301020200	**接地装置**			
301020201	接地装置及接地线	接地体（线）连接宜使用焊接，焊接应采用搭接焊，其搭接长度必须符合以下规定： （1）扁钢为其宽度的 2 倍，且至少 3 个棱边焊接。 （2）圆钢为其直径的 6 倍。 （3）圆钢扁钢焊接时，长度为圆钢直径的 6 倍	（1）在防腐处理前，表面必须除锈并去掉焊接处残留的焊药。 （2）与道路或者管道交叉及其他可能使接地线遭受损伤处，均应用管子或者角钢加以保护。接地体敷设完后的土沟，其回填土内不应夹有石块和建筑垃圾。外取的土壤不得有较强的腐蚀性。回填土时应分层夯实。 （3）扁钢与钢管、扁钢与角钢焊接时，除了在其接触部位两侧进行焊接外，还应焊以由钢带弯曲成的弧形或直角形卡子或直接由钢带本身弯成弧形或直角形，再与钢管或角钢焊接。接地体引出线的垂直部分和接地装置焊接部分应做防腐处理。接地线在穿过墙壁，楼板和地坪处应加装钢管或其他坚固的保护套，有化学腐蚀的部位还应采取防腐措施	 301020201-T1 接地引下线安装成品

续表

编号	项目/工艺名称	工艺标准	施工要点	图片示例
301030000	开挖式基础			
301030100	基础施工			
301030101	阶梯基础施工	（1）水泥宜采用通用硅酸盐水泥，强度等级不小于42.5。细骨料宜采用中粗砂，含泥量不大于5%。粗骨料采用碎石或卵石，含泥量不大于2%。宜采用饮用水拌和，当无饮用水时，可采用清洁的河溪水或池塘水，但不得使用海水。 （2）外加剂、掺合料：其品种及掺量应根据需要，通过试验确定。 （3）冬期施工的混凝土，应优先选用硅酸盐水泥或普通硅酸盐水泥。水泥强度等级不应低于42.5，浇筑C15及以上强度等级混凝土时，最小水泥用量不宜少于300kg/m³。 （4）混凝土密实，表面平整、光滑，棱角分明，一次成型	（1）基坑开挖根据地质条件确定放坡系数。地下水位较高时应采取有效的降水措施，基础浇筑时应保证无水施工。 （2）湿陷性黄土、泥水坑等情况应按设计要求进行地基处理，垫层强度符合要求后方可进行钢筋绑扎和模板支设。 （3）浇筑混凝土的模板表面应平整且接缝严密，混凝土浇筑前模板表面应涂脱模剂。 （4）钢筋绑扎牢固、均匀，在同一截面的焊接头错开布置，同截面焊接头数量不得超过50%。 （5）钢筋保护层厚度符合设计要求。 （6）混凝土浇筑前钢筋、地脚螺栓表面应清理干净。 （7）现场浇筑混凝土应采用机械搅拌，并应采用机械捣固。 （8）冬期施工应采取防冻措施。 （9）基础混凝土应一次浇筑成型，内实外光，杜绝二次抹面。 （10）浇筑完成的基础应及时清除地脚螺栓上的残余水泥砂浆，并对基础及地脚螺栓进行保护	 301030101-T1 阶梯式基础模板安装 301030101-T2 阶梯式基础成品

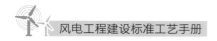

续表

编号	项目/工艺名称	工艺标准	施工要点	图片示例
301030102	地脚螺栓式斜柱基础施工	（1）水泥宜采用通用硅酸盐水泥，强度等级不小于42.5。细骨料宜采用中粗砂，含泥量不大于5％。粗骨料采用碎石或卵石，含泥量不大于2％。宜采用饮用水拌和，当无饮用水时，可采用清洁的河溪水或池塘水，但不得使用海水。 （2）外加剂、掺合料：其品种及掺量应根据需要，通过试验确定。 （3）冬期施工的混凝土，应优先选用硅酸盐水泥或普通硅酸盐水泥。水泥强度等级不应低于42.5，浇筑C15及以上强度等级混凝土时，最小水泥用量不宜少于300kg/m³。 （4）地脚螺栓及钢筋规格、数量应符合设计要求且制作工艺良好。 （5）混凝土密实，表面平整、光滑，棱角分明，一次成型	（1）基坑开挖根据地质条件确定放坡系数。地下水位较高时应采取有效的降水措施，基础浇筑时应保证无水施工。 （2）湿陷性黄土、泥水坑等情况应按设计要求进行垫层处理。垫层强度符合要求后方可进行钢筋绑扎和模板支设。 （3）浇筑混凝土的模板表面应平整且接缝严密，模板顶面中心与坑底中心必须定位准确，模板支撑牢固，混凝土浇筑前模板表面应涂脱模剂。 （4）钢筋绑扎牢固、均匀，在同一截面的焊接头错开布置，同截面焊接头数量不得超过50％。 （5）钢筋保护层厚度符合设计要求。 （6）混凝土浇筑前钢筋、地脚螺栓表面应清理干净，且外露部分保持竖直，浇筑部分方向与斜柱方向保持一致，复核地脚螺栓的间距、基础根开、立柱标高正确。 （7）冬期施工应采取防冻措施。 （8）基础混凝土应一次浇筑成型，内实外光，杜绝二次抹面。 （9）浇筑完成的基础应及时清除地脚螺栓上的残余水泥砂浆，并对基础及地脚螺栓进行保护	301030102-T1 斜柱基础模版安装 301030102-T3 斜柱基础成品

续表

编号	项目/工艺名称	工艺标准	施工要点	图片示例
301030103	保护帽浇筑	（1）水泥宜采用通用硅酸盐水泥，强度等级不小于42.5。砂石：砂宜采用中粗砂，含泥量不大于5%；粗骨料采用碎石或卵石，含泥量不大于2%。宜采用饮用水拌和，当无饮用水时，可采用清洁的河溪水或池塘水，但不得使用海水。 （2）保护帽混凝土抗压强度满足设计要求。 （3）保护帽宽度宜不小于距塔脚板每侧50mm。高度应以超过地脚螺栓50～100mm为宜，但不小于300mm，主材与靴板之间的缝隙应采取密封（防水）措施。 （4）保护帽顶面应留有排水坡度，顶面不得积水	（1）保护帽宜采用专用模板现场浇筑，严禁采用砂浆或其他方式制作。 （2）保护帽顶面应适度放坡，混凝土初凝前进行压实收光，确保顶面平整光洁。 （3）保护帽拆模时应保证其表面及棱角不损坏，塔腿及基础顶面的混凝土浆要及时清理干净。 （4）保护帽应按要求进行养护。 （5）混凝土应一次浇筑成型，杜绝二次抹面	 301030103-T1 保护帽成品（一） 301030103-T2 保护帽成品（二）

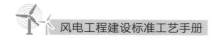

续表

编号	项目/工艺名称	工艺标准	施工要点	图片示例
301040000	**杆塔组立工程**			
301040100	**自立式铁塔组立**			
301040101	角钢铁塔分解组立	（1）塔材无弯曲、脱锌、变形、错孔、磨损。 （2）螺栓的螺纹不应进入剪切面。 （3）螺栓应逐个紧固，扭力矩符合规范要求，且紧固力矩的上限不宜超过规定值的20%。 （4）自立式转角塔、终端塔应组立在斜平面的基础上，向受力反方向预倾斜，预倾斜符合规定。 （5）铁塔组立后，各相邻节点间主材弯曲度不得超过1/800。 （6）每腿均设置接地孔，接地孔位置应保证接地引下线联板顺利安装。 （7）螺栓穿向应一致美观。螺母拧紧后，螺杆露出螺母的长度：对单螺母，不应小于两个螺距；对双螺母，可与螺母相平。螺栓露扣长度不应超过20mm或10个螺距。	（1）基础混凝土强度达到设计要求的70%，方能进行分解组塔。 （2）角钢铁塔分解组立可采用座地抱杆、悬浮抱杆等工器具，宜采用专用夹具安装抱杆承托绳、腰箍拉线等。 （3）铁塔组立应有防止塔材变形、磨损的措施，临时接地应连接可靠，每段安装完毕铁塔辅材、螺栓应装齐，严禁强行组装。 （4）抱杆每次提升前，须将已组立塔段的横隔材装齐，悬浮抱杆腰箍不得少于2道。 （5）吊片就位应先低后高，严禁强拉就位。 （6）塔身分片吊装，吊点应选在两侧主材节点处，距塔片上段距离不大于该片高度的1/3，对于吊点位置根开较大、辅材较弱的吊片应采取补强措施。	301040101-T1 角钢铁塔上部组立 301040101-T2 角钢铁塔螺栓紧固

续表

编号	项目/工艺名称	工艺标准	施工要点	图片示例
301040101	角钢铁塔分解组立	（8）杆塔脚钉安装应齐全，脚蹬侧不得露丝，弯钩朝向应一致向上。 （9）防盗螺栓安装到位，扣紧螺母安装齐全，防盗螺栓安装高度符合设计要求。 （10）直线塔结构倾斜率，对一般塔不大于0.24%，对高塔不大于0.12%。耐张塔架线后不向受力侧倾斜	（7）铁塔组立后，塔脚板应与基础面接触良好。铁塔经检查合格后，可随即浇筑混凝土保护帽	
301040102	钢管杆整体组立	（1）塔材无弯曲、脱锌、变形、错孔、磨损。 （2）螺栓的螺纹不应进入剪切面。 （3）螺栓应逐个紧固，扭力矩符合规范要求，且紧固力矩的上限不宜超过规定值的20%。 （4）自立式转角杆、终端杆应组立在倾斜平面的基础上，向受力反方向预倾斜，预倾斜符合规定。 （5）钢管杆组立后，其分段及整塔的弯曲均不应超过其对应长度的1/500。	（1）基础强度达到设计要求的100%方能进行铁塔整体组立。 （2）组立可采用吊车吊装、倒落式人字抱杆扳立等方法施工。 （3）塔材按照设计图纸组装，螺栓等级应符合设计要求，同处螺栓使用应统一，长短一致，出扣、穿向应符合规范要求，严禁强行安装。 （4）地面组装后，螺栓应复紧一遍，扭矩满足设计要求，有防盗要求的则做防盗处理。 （5）起吊前，必须认真检查各部位工器具连接情况，吊点位置是否准确，各部位绳索是否互相缠绕挤压影响组立，并在吊点处采取措施保护塔材锌层。	 301040102-T1 钢管塔整体组立（一）

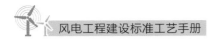
编号	项目/工艺名称	工艺标准	施工要点	图片示例
301040102	钢管杆整体组立	（6）底部设置接地孔，接地孔位置应保证接地引下线联板顺利安装。 （7）法兰盘应平整、贴合密实，接触面贴合率不小于75%，最大间隙不大于1.6mm。 （8）螺栓穿向应一致美观。螺母拧紧后，螺杆露出螺母的长度：对单螺母，不应小于两个螺距；对双螺母，可与螺母相平。螺栓露扣长度不应超过20mm或10个螺距。 （9）杆塔爬梯安装齐全、方向竖直，脚钉弯钩朝向一致向上，螺栓穿向符合要求。 （10）防盗螺栓安装到位，扣紧螺母安装齐全，防盗螺栓安装高度符合设计要求。 （11）直线杆塔结构倾斜率不大于0.24%，耐张杆塔架线后不向受力侧倾	（6）杆塔组立后，塔脚板应与基础面接触良好。杆塔经检查合格后可随即浇筑混凝土保护帽。 （7）在施工过程中需加强对基础和塔材的成品保护	 301040102-T2 钢管塔整体组立（二）

续表

编号	项目/工艺名称	工艺标准	施工要点	图片示例
30105000	**OPGW 安装**			
301050100	**OPGW 悬垂串安装**			
301050101	OPGW 悬垂串安装	（1）金具串上的各种螺栓、穿钉，除有固定的穿向外，其余穿向应统一。 （2）悬垂线夹安装后，应垂直地平面。连续上、下山坡处杆塔上的悬垂线夹的安装位置应符合规定。 （3）接地引线全线安装位置要统一，接地引线应顺畅、美观	（1）核查所画印记在放线滑车中心，并保证金具串垂直地平面。 （2）护线条中心应与印记重合，护线条缠绕应保证两端整齐。 （3）金具上所用闭口销的直径必须与孔径相匹配，且弹力适度。 （4）附件安装及 OPGW 弧垂调整后，如金具串倾斜超差应及时进行调整	301050101-T1 OPGW 悬垂安装完成
301050200	**OPGW 耐张串安装**			
301050201	OPGW 接头型耐张串安装	（1）采用预绞式耐张线夹。 （2）金具串上的各种螺栓、穿钉，除有固定的穿向外，其余穿向应统一。 （3）OPGW 接头引下线要自然、顺畅、美观。 （4）接地引线全线安装位置要统一，接地引线应自然、顺畅、美观	（1）缠绕预绞丝时应保证两端整齐，并保持原预绞形状。 （2）金具上所用闭口销的直径必须与孔径相匹配，且弹力适度。 （3）OPGW 引线及接地线应自然引出，引线自然顺畅，接地并沟线夹方向不得偏扭，或垂直或水平，螺栓紧固应达到扭矩要求。 （4）OPGW 耐张预绞丝重复使用不得超过两次	301050201-T1OPGW 接头型耐张串

编号	项目/工艺名称	工艺标准	施工要点	图片示例
301050202	OPGW 直通型耐张串安装	（1）采用预绞式耐张线夹。 （2）金具串上的各种螺栓、穿钉及弹簧销子，除有固定的穿向外，其余穿向应统一。 （3）OPGW 小弧垂应近似为悬链线状态，弧垂不宜太大。 （4）接地引线全线安装位置要统一，接地引线应自然、顺畅、美观	（1）采用预绞式耐张线夹。 （2）金具串上的各种螺栓、穿钉及弹簧销子，除有固定的穿向外，其余穿向应统一。 （3）OPGW 小弧垂应近似为悬链线状态，弧垂不宜太大。 （4）接地引线全线安装位置要统一，接地引线应自然、顺畅、美观	301050202-T1OPGW 直通型耐张串
301050203	OPGW 架构型耐张串安装	（1）绝缘子表面完好干净。 （2）采用预绞式耐张线夹。 （3）金具串上的各种螺栓、穿钉及弹簧销子，除有固定的穿向外，其余穿向应统一。 （4）放电间隙安装方向朝上。 （5）OPGW 引下线要自然、顺畅、美观	（1）缠绕预绞丝要保证端头整齐，并保持原预绞形状。 （2）各种螺栓、销钉穿向符合要求，金具上所用闭口销的直径必须与孔径相匹配，且弹力适度。 （3）绝缘型耐张串应调整好放电间隙，绝缘子表面应擦洗干净避免损伤。 （4）OPGW 引线应自然、顺畅。 （5）OPGW 耐张预绞丝重复使用不得超过两次	301050203-T1OPGW 架构型耐张串

编号	项目/工艺名称	工艺标准	施工要点	图片示例
301050300	**防振锤安装**			
301050301	OPGW 防振锤安装工程	（1）防振锤安装距离应符合设计要求。 （2）安装 OPGW 地线上的防振锤应与 OPGW 平行，并加装预绞丝，其安装距离允许偏差不大于±24mm。 （3）防振锤大小头及螺栓的穿向应符合图纸要求	（1）防振锤要无锈蚀、无污物，锤头与挂板要成一平面。 （2）防振锤在线上要自然下垂，锤头与线要平行。 （3）防振锤大小头设置要符合设计要求，螺栓紧固力要达到要求	 301050301-T1OPGW 防振锤
301050400	**引下线安装**			
301050401	铁塔 OPGW 引下线安装	（1）用夹具固定 OPGW 引下线，控制其走向，OPGW 的弯曲半径应不小于 40 倍光缆直径。 （2）夹具安装在铁塔主材内侧引下线，间距为 1.5～2m。 （3）安装时要保证 OPGW 顺直，耐张线夹 OPGW 引出端应自然、顺畅、美观	（1）引下线夹要自上而下安装，安装距离为 1.5～2m。线夹固定在突出部位，不得使余缆线与角铁发生摩擦碰撞。 （2）引线要自然顺畅，两固定线夹间的引线要拉紧	301050401-T1 铁塔 OPGW 引下线

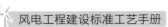

编号	项目/工艺名称	工艺标准	施工要点	图片示例
301050402	架构OPGW引下线安装	（1）用夹具固定OPGW沿架构引下，控制其走向，OPGW的弯曲半径应不小于40倍光缆直径。 （2）夹具安装间距为1.5～2m。 （3）安装时要保证OPGW顺直，耐张线夹OPGW引出端应自然、顺畅、美观。 （4）采用绝缘夹具保证OPGW与架构绝缘。 （5）终端接续盒安装高度宜为1.5～2m	（1）引线卡具型号要符合设计要求。 （2）引下线固定线夹要自上而下安装，安装距离为1.5～2m。 （3）引线应自然顺畅，两线夹间的引线要拉紧。 （4）OPGW余缆线与接线盒以下的进场光缆（沟道缆）同一余缆架安装固定	301050402-T1 架构OPGW引下线
301050500	**OPGW接头盒**			
301050501	光纤熔接与布线	（1）剥离光纤的外层套管、骨架时不得损伤光纤。 （2）接头盒内应无潮气并防水，安装时各紧固螺栓应拧紧，橡皮封条必须安装到位。 （3）光纤熔接后应进行接头光纤衰减值测试，不合格者应重接。 （4）雨天、大风、沙尘或空气湿度过大时不应熔接	（1）熔纤盘内接续光纤单端盘留量不少于500mm，弯曲半径不小于30mm。 （2）光纤要对色熔接，排列整齐。光纤连接线用活扣扎带绑扎，松紧适度。 （3）接头盒内应采取防潮措施，防水密封良好	301050501-T1 光纤布线

续表

编号	项目/工艺名称	工艺标准	施工要点	图片示例
301050502	接头盒安装	（1）OPGW 接头盒安装在铁塔主材内侧，安装高度为 8～10m，全线安装位置要统一。 （2）接头盒进出线要顺畅、圆滑，弯曲半径应不小于 40 倍光缆直径	（1）安装位置应符合要求，固定螺栓要紧固。 （2）进出线应顺畅自然，弯曲半径符合要求	 301050502-T1 接头盒成品
301050600	**OPGW 余缆安装**			
301050601	余缆架安装	（1）余缆紧密缠绕在余缆架上。 （2）余缆架用专用夹具固定在铁塔内侧的适当位置	（1）余缆要按线的自然弯盘入余缆架，将余缆固定在余缆架上，固定点不少于 4 处，余缆长度总量放至地面后应有不少于 5m 的裕度。 （2）在合适的位置将余缆架固定好，余缆架以外的引线用引下线夹固定好，不要产生风吹摆动现象	 301050601-T1 余缆架

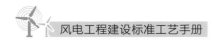

编号	项目/工艺名称	工艺标准	施工要点	图片示例
301060000	全介质自承式光缆（ADSS）			
301060100	全介质自承式光缆（ADSS）			
301060101	ADSS弧垂控制	（1）ADSS最大弧垂必须满足光缆与其他建筑物、树木、通信线路最小垂直净距： 1）与街道垂直净距为平行时4.5m、交越时5.5m（最低缆线到地面）。 2）与公路垂直净距为平行时3.0m、交越时5.5m（最低缆线到地面）。 3）与土路垂直净距为平行时3.0m、交越时4.5m（最低缆线到地面）。 4）与河流垂直净距为交越时1.0m（最低缆线距最高水位时最高桅杆顶）。 5）与树木垂直净距为交越时1.5m（最低缆线到枝顶）。 6）与郊区垂直净距为交越时7.0m（最低缆线到地面）。 （2）光缆架线施工应采用张力放线	（1）光缆的紧线过程类似电力线，用静端金具夹持光缆，缆牵引到位后，待应力传动、紧线张力平衡后，选择观察档观察弧垂，弧度大小按照设计要求。 （2）紧线时不允许登塔，凡进入牵引机的光缆都应截去。 （3）光缆与带电体的距离应满足安全距离要求	301060101-T1 ADSS光缆

编号	项目/工艺名称	工艺标准	施工要点	图片示例
301060102	ADSS 悬垂串安装	（1）悬垂串安装完毕后要垂直于地面，偏差小于 5°。 （2）预绞丝的末端整齐，分布均匀，误差不大于 8mm，同层预绞丝无重叠现象。 （3）预绞丝缠绕完毕后应整齐美观，无缝隙和压股现象。内层预绞丝末端的光缆无划伤现象。 （4）所有连接件的螺母都要拧紧，穿向要统一	（1）内绞丝缠绕时徒手将所有子束的两端一次性全部缠绕完毕。不能使用任何工具，以免损坏或划伤光缆。 （2）各种螺栓、销钉穿向符合要求，金具上所用闭口销的直径必须与孔径相匹配，且弹力适度，开口销开口到位。 （3）附件安装及光缆弧垂调整后，如金具串倾斜超差应及时进行调整。 （4）悬垂金具挂好后要保证风偏时碰不到铁塔，若挂点处塔身较宽，应顺线路使用两套金具，确保光缆不与塔身摩擦。 （5）预绞丝缠绕时，应由中间向两端徒手缠绕，并将中心色标对齐	301060102-T1ADSS 悬垂串
301060103	ADSS 接头型耐张串安装	（1）采用预绞式耐张线夹。 （2）金具串上的各种螺栓、穿钉，除有固定的穿向外，其余穿向应统一。 （3）光缆接头引下线要自然、顺畅、美观，螺栓紧固应达到扭矩要求。 （4）缠绕预绞丝时应保证两端整齐，并保持预绞丝形状	（1）采用预绞式耐张线夹。 （2）金具串上的各种螺栓、穿钉，除有固定的穿向外，其余穿向应统一。 （3）光缆接头引下线要自然、顺畅、美观，螺栓紧固应达到扭矩要求。 （4）缠绕预绞丝时应保证两端整齐，并保持预绞丝形状	301060103-T1ADSS 接头型耐张串

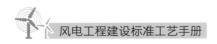

续表

编号	项目/工艺名称	工艺标准	施工要点	图片示例
301060104	ADSS 防振鞭安装	（1）为了防止因防振鞭积污而产生电腐蚀，防振鞭和金具必须拉开距离： 1）110kV 距离为 1m； 2）35kV 距离为 0.5m； 3）10kV 距离为 0.5m。 （2）当挡距小于 100m 时，可不安装防振鞭。 （3）当挡距在 100～250m 时，应装 2 个防振鞭。 （4）当挡距在 250～400m 时，应装 4 个防振鞭。 （5）当挡距在 400～800m 时，应装 6 个防振鞭	（1）防振鞭的型号和光缆相配套。 （2）两根防振鞭可以并绕。 （3）需要高空安装时，应采用辅助设备，不允许在光缆上施加压力	301060104-T1ADSS 防振鞭
301070000	线路防护			
301070100	塔位牌			
301070101	塔位牌安装	（1）塔位牌的样式与规格，符合国家电网公司的规定。 （2）安装在线路铁塔小号侧的醒目位置，安装位置尽量避开脚钉，距地面的高度对同一工程应统一安装位置	宜采用螺栓固定，牢固可靠	301070101-T1 塔位牌

编号	项目/工艺名称	工艺标准	施工要点	图片示例
301070200	**相位标识**			
301070201	相位标识牌安装	（1）相位标识牌的样式与规格，符合相关规定。 （2）安装在导线挂点附近的醒目位置	采用螺栓固定，牢固可靠	 301070201-T1 相位标识牌
301070300	**警示牌**			
301070301	警示牌安装	（1）警示牌的样式与规格，符合相关规定。 （2）警示牌距地面的高度对同一工程应统一安装位置	采用螺栓固定，牢固可靠	 301070301-T1 警示牌

第 4 篇

场区配电电缆线路工程

编号	项目/工艺名称	工艺标准	施工要点	图片示例
401000000	电缆线路电气工程			
401010000	电缆敷设工程			
401010100	直埋敷设工程			
401010101	直埋电缆沟槽开挖	（1）通过收资，了解电缆所经地区的管线或障碍物的情况，并在适当位置进行样沟的开挖，开挖深度应大于电缆埋设深度。 （2）按电缆路径开挖沟槽，应满足以下要求： 1）自地面至电缆上面外皮的距离，不小于0.7m，35kV及以上为1m； 2）穿越道路和农地时分别为1、1.2m； 3）穿越城市交通道路和铁路路轨时，应满足设计规范要求并采取保护措施； 4）在寒冷地区施工，开挖深度还应满足电缆敷设于冻土层之下，或采取穿管等特殊措施	（1）沟槽开挖前应进行围护工作。 （2）电缆敷设工程必须根据批准的设计文件，在敷设电缆前要挖掘足够数量的样洞，查清沿线地下管线和土质情况，以确定电缆的正确走向。 （3）样沟深度应大于电缆敷设深度。 （4）开挖路面时，应将路面铺设材料和泥土分别堆置，堆置处和沟边应保持不小于300mm通道。堆土高度不宜高于0.7m。 （5）对开挖出的泥土应采取防止扬尘的措施。 （6）在山坡地带直埋电缆，应挖成蛇形曲线，曲线振幅为1.5m，以减缓电缆的敷设坡度，使其最高点受拉力较小，且不易被洪水冲断	401010101-T1 样沟开挖 401010101-T2 沟槽开挖

续表

编号	项目/工艺名称	工艺标准	施工要点	图片示例
401010102	直埋电缆敷设	（1）直埋于地下的电缆上下应铺以不小于100mm厚的软土或沙层，并加盖两层电缆保护板，第二层保护板必要时用预制钢筋混凝土板加以保护，其覆盖宽度应超过电缆两侧各50mm，然后用预制钢筋混凝土板加以保护。也可把电缆放入预制钢筋混凝土槽盒内后填满砂或细土，然后盖上槽盒盖。为识别电缆走向，宜沿电缆敷设路径设置电缆标识。 （2）电缆穿越城市交通道路和铁路路轨时应采取保护措施。 （3）电缆排列整齐，弯度一致，电缆同路径顺行敷设时电缆在转弯处不应出现交叉。 （4）电缆在敷设过程中无机械损伤。直埋电缆接头盒外应有防止机械损伤的保护盒（环氧树脂接头盒除外）。 （5）电缆穿波纹管敷设时，应沿波纹管顶全长加盖保护板或浇筑厚度不小于100mm的素混凝土，宽度不应小于管外两侧各50mm	（1）电缆敷设前，在线盘处、转角处使用专用转弯机具，将电缆盘、牵引机和滚轮等布置在适当的位置，电缆盘应有刹车装置。 （2）电缆应有牵引头，机械敷设时，应在牵引头或钢丝网套与牵引钢丝绳之间安装防捻器。牵引强度符合验收规范中的要求，在电缆牵引头、电缆盘、牵引机、过路管口、转弯处及可能造成电缆损伤处应采取保护措施，有专人监护并保持通信畅通。 （3）电缆敷设后覆土前通知测绘人员对已敷电缆进行测绘	 401010102-T1 电缆敷设

续表

编号	项目/工艺名称	工艺标准	施工要点	图片示例
401010103	回填土	（1）盖板上铺设防止外力损坏的警示标识后，在电缆周围回填较好的土层或按市政要求回填。 （2）回填土应分层夯实。回填料的压实系数一般不宜小于0.94，回填土中不应含有石块或其他硬质物	电缆周围应选择较好的土或黄沙填实，电缆上面应有不小于100mm的沙土层在覆盖盖板，盖板上铺设防止外力损坏的警示带后再分层夯实至路面修复高度	 401010103-T1 回填土前
401010200	**电缆登塔/引上敷设工程**			
401010201	电缆登杆（塔）/引上敷设	（1）电缆登杆（塔）应设置电缆终端支架（或平台）、避雷器、接地箱及接地引下线。终端支架的定位尺寸应满足各相导体对接地部分和相间距离、带电检修的安全距离。 （2）电缆敷设时最小弯曲半径应符合规定。	（1）需要登杆（塔）/引上敷设的电缆，在敷设时，要根据杆（塔）/引上的高度留有足够的余线，余线不能打圈。 （2）单芯电缆的夹具一般采用两半组合结构，并采用非磁性材料。	401010201-T1 电缆登杆（塔）/引上敷设

编号	项目/工艺名称	工艺标准	施工要点	图片示例
401010201	电缆登杆（塔）/引上敷设	（3）单芯电缆应采用非磁性材料制成的夹具。登塔电缆夹具开档一般不大于1.5m	（3）电缆登杆（塔）处，接地电阻 R 不大于 4Ω	401010201-T2 电缆登杆（塔）/引上敷设
401010202	电缆保护管安装	（1）在电缆登杆（塔）处，凡露出地面部分的电缆应套入具有一定机械强度的保护管加以保护。 （2）露出地面的保护管总长不应小于2.5m，埋入非混凝土地面的深度不应小于100mm。 （3）三芯电缆保护管宜采用钢管，单芯电缆应采用非磁性材料制成的保护管。 （4）保护管埋地部分应满足电缆弯曲半径的要求。 （5）保护管上口应做好密封处理。 （6）保护管应做好防盗措施	（1）保护管断口处不得因切割造成锋利切口、不得将切割过程中产生的残屑留于管内。金属保护管断口应均匀胀成光滑喇叭口（喇叭口外径为保护管外径的1.1倍），避免金属管断口割伤电缆外护层。 （2）保护管上口用防火材料做好密封处理。 （3）保护管固定螺丝应拧紧打毛或采取其他防盗措施	401010202-T1 电缆保护管安装

编号	项目/工艺名称	工艺标准	施工要点	图片示例
401020000	电缆附件安装工程			
401020100	电缆预制式中间接头及终端安装			
401020101	交联电缆预制式中间接头安装（35kV 及以下）	（1）按照制造商工艺文件施工。 （2）中间接头如布置在支架上，则接头支架的结构形式应与接头相匹配，与所安装的地点和环境相适应。电缆线芯连接金具，应采用符合标准的连接管，其内径应与电缆线芯紧密配合，间隙不应过大。 （3）铜屏蔽连接需符合工艺、规范要求	（1）电缆接头前，对电缆进行校潮。 （2）检查附件规格与电缆规格是否一致。 （3）剥切电缆护层时不得损伤下一层结构，护套断口要均匀整齐，不得有尖角及快口。 （4）绝缘处理后直径应注意工艺过盈配合要求，绝缘表面处理应光洁、对称。 （5）选择与电缆截面相配的模具进行压接，压接后压接管表面应保持光洁无毛刺。 （6）预制件定位前应在接头两侧做标记，并均匀涂抹硅脂。如使用氮气辅助定位，则完毕后应施放余气，检查预制件表面是否有损伤。 （7）接地线宜采用锡焊，接地要牢固、平整无毛刺。 （8）直埋电缆接头应有防止机械损伤的保护结构或外设保护盒	 401020101-T1 交联电缆预制式中间接头安装（35kV 及以下） 401020101-T2 交联电缆预制式中间接头安装（35kV 及以下）

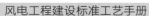

续表

编号	项目/工艺名称	工艺标准	施工要点	图片示例
401020102	交联电缆预制式终端安装（35kV 及以下）	（1）按照制造商工艺文件施工。 （2）终端的结构型式与电缆所连接的电气设备的特点必须相适应，设备终端和 GIS 终端应具有符合要求的接口装置，其连接金具必须相互配合。 （3）接地线（网）连接应满足电气要求	（1）电缆终端接头前，对电缆进行校潮。 （2）检查附件规格与电缆规格是否一致。 （3）户外终端应使用专用定位支架。 （4）剥切电缆护层时不得损伤下一层结构，护套断口要均匀整齐，不得有尖角及缺口。 （5）接地线锡焊要牢固、平整无毛刺。 （6）热缩管热缩要均匀无气泡、无碳化痕迹。 （7）绝缘处理后直径应注意工艺过盈配合要求，绝缘表面处理应光洁、对称。 （8）增绕半导电带的尺寸、直径应符合工艺要求。 （9）预制件定位前应将电缆表面清洁干净，并均匀涂抹硅脂。 （10）选择点压或六角形围压进行压接，压接后接管表面应保持光洁无毛刺。 （11）户内预制终端接头，预制件下口与电缆应保持大于 100mm 的直线距离。 （12）相色带绕包应统一、规范，线路铭牌应挂在终端接头的明显处	401020102-T1 交联电缆预制式终端安装（35kV 及以下） 401020102-T2 交联电缆预制式终端安装（35kV 及以下）

编号	项目/工艺名称	工艺标准	施工要点	图片示例
401030000	电缆防火工程			
401030100	电缆防火			
401030101	防火封堵	（1）当贯穿孔口直径不大于150mm时，应采用无机堵料防火灰泥，有机堵料如防火泥、防火密封胶、防火泡沫或防火塞等封堵。 （2）当贯穿孔口直径大于150mm时，应采用无机堵料防火灰泥，或有机堵料如防火发泡砖、矿棉板或防火板，并辅以有机堵料如膨胀型防火密封胶或防火泥等封堵。 （3）当电缆束贯穿轻质防火分隔墙体时，其贯穿孔口不宜采用无机堵料防火灰泥封堵。 （4）防火墙及盘柜底部封堵，防火隔板厚度不宜少于10mm	（1）施工时将有机防火堵料密实嵌于需封堵的孔隙中，应包裹均匀密实。 （2）用隔板与有机防火堵料配合封堵时，有时防火堵料应略高于隔板，高出部分宜形状规则。 （3）电缆预留孔和电缆保护管两端口用有机堵料封堵严实。填料嵌入管口的深度不小于50mm。预留孔封堵应平整	401030101-T1 防火封堵成品 401030101-T2 防火封堵成品

第 5 篇

风机及箱式变压器基础土建工程

编号	工艺名称	工艺标准	施工要点	图片示例
501010100	土石方工程			
501010101	基坑开挖	（1）基槽开挖的平面尺寸应符合设计图纸要求。 （2）基底标高符合设计图纸要求。 （3）基坑边坡支护结构应具有足够的强度、刚度和稳定性。 （4）弃土距离基坑边缘距离大于1m，基坑边做维护和警示标志。 （5）开挖后应尽快完成验槽工作，及时进行垫层浇筑，开挖后被雨水冲蚀应将表层进行清理。 （6）为防止超挖，赶上雨季施工时，基坑底层为黏土的，开挖的基坑不能在当天浇筑垫层，应留出200mm到基底。浇筑当天清除。 （7）基坑坐落在斜坡时，标高参考点应为斜坡的中点	（1）基坑开挖前，应根据挖深、地质条件、施工方法、地面荷载等资料制定施工方案、环境保护措施。 （2）按照基础开挖深度适当放坡，对于松散地层适当增大放坡比例，以保证基坑安全。地下水渗透系数较大或场地受限制不能放坡开挖时，应采取支护措施。 （3）基坑的降、排水，可根据降水深度和基坑地质条件等情况，采取明沟集水井排水。 （4）基槽开挖的边界应大于基础外沿，留有足够的施工操作空间。 （5）基坑开挖后应布置安全的上人通道，并在基坑四周做好保护围栏。 （6）基坑开挖不得随意丢弃弃土、碎石。 （7）地基的基槽开挖后，应及时进行验槽	501010101-T1 浇筑垫层前的基坑开挖 501010101-T2 基坑开挖验槽后平整

编号	工艺名称	工艺标准	施工要点	图片示例
501010102	基础回填	回填土应分层夯实，分层铺填厚度为250～350mm，干密度不得小于18kN/m³，压实系数不得小于0.92	（1）淤泥腐殖土、冻土、耕植土、膨胀土及有机质含量大于8%的土，不得作为风机基础的回填土料。 （2）回填土料如设计无特殊要求，可因地制宜就地取材，如砂石、黏土、爆破石渣（粒径不大于200mm）等。 （3）碎石类土或爆破石渣用作填料时，应限制填料的最大粒径及其含量。当采用砂回填时，应振捣、夯填密实。 （4）不得提前回填	501010102-T1 回填土 501010102-T2 风机基础回填

编号	工艺名称	工艺标准	施工要点	图片示例
501010200	**垫层浇筑**			
501010201	垫层浇筑	（1）垫层混凝土强度符合设计图纸要求。 （2）垫层混凝土厚度满足要求。 （3）基础预埋螺栓、预埋件、预埋套管位置准确，安装牢固。 （4）混凝土无裂缝等质量缺陷。 （5）依据规范留置混凝土试块，按照规范要求每满 100m³ 留置一组试块，不满足 100m³ 时留置一组试块	（1）垫层浇筑前，应由人工进行平整，凸起的大石块应由人工或小型机械进行破除，避免对地基土的扰动。 （2）垫层浇筑外边界应大于基础模板外沿 100mm 以上，垫层收面平整，以保证底层钢筋保护层厚度。 （3）预埋件基础深度及混凝土深度满足设计要求。预埋件位置准确，保证基础环安装位置位于基坑中心。 （4）垫层浇筑后需洒水并覆盖薄膜养护。 （5）混凝土表面保持清洁。 （6）混凝土垫层养护期过后方可放置基础环	 501010201-T1 垫层收面 501010201-T2 垫层养护

续表

编号	工艺名称	工艺标准	施工要点	图片示例
501010300	**钢筋工程**			
501010301	钢筋加工	（1）钢筋的品种、规格、数量、位置等使用应符合设计及规范要求。 （2）钢筋表面无油污及锈蚀。 （3）钢筋弯折的弯弧内径应符合下列规定：光圆钢筋，不应小于钢筋直径的 2.5 倍；335MPa 级、400MPa 级带肋钢筋，不应小于钢筋直径的 7 倍；500MPa 级，当直径为 28mm 以下时不应小于钢筋直径的 6 倍，当直径为 28mm 及以上时不宜小于钢筋直径的 7 倍	（1）钢筋加工前应将表明清理干净。表面有颗粒状、片状老锈或有损伤的钢筋不得使用。 （2）进场的钢筋要进行复检，检验报告合格后才可使用。 （3）钢筋加工宜在常温状态下进行，加工工程中不应对钢筋进行加热。钢筋应一次弯折到位	501010301-T1 钢筋原材 501010301-T2 钢筋加工后

编号	工艺名称	工艺标准	施工要点	图片示例
501010302	机械连接	（1）直螺纹链接套筒材料符合设计及规范要求。 （2）直螺纹套筒连接单边外露丝扣不得超过2圈。 （3）机械连接头的混凝土保护层应满足规范要求，且不小于15mm。接头之间的横向净距离不小于25mm。 （4）采购的机械连接头，须有4年内的形式试验报告	（1）丝头批量加工和连接前，应对进场的套管和钢筋主材及丝头加工进行工艺符合性验证。 （2）机械连接作业应配有检定合格的预置式扭力扳手。 （3）加工钢筋接头的操作工人，应经专业人员培训合格后才能上岗，人员应相对稳定。 （4）钢筋端部应切平或镦平后加再工螺纹，墩粗头不得有与钢筋轴线相垂直的横向裂纹。 （5）钢筋和套筒的丝扣应干净、完好无损。 （6）螺纹接头安装后应用扭力扳手校核拧紧扭矩。校核拧紧力矩应有书面记录	 501010302-T1 直螺纹连接 扭矩扳手拧紧力矩 501010302-T2 直螺纹连接完成后

续表

编号	工艺名称	工艺标准	施工要点	图片示例
501010303	焊接连接	（1）焊条中 S 的含量最大允许值为 0.035％，P 的含量最大允许值为 0.04％。 （2）搭接焊时，搭接长度符合下列要求：双面焊不小于 5d，单面焊不小于 10d（d 为宽度）	（1）钢筋焊接之前，应清除钢筋焊接部位与电极接触面处的锈斑、油污、杂物等。钢筋端部有弯折、扭曲时，应予以矫正或切除。 （2）搭接焊时，宜采用双面焊。 （3）应根据钢筋牌号、直径、接头形式和焊接位置，选择焊接材料、确定焊接工艺参数。 （4）焊接时，引弧应在形成焊缝的部位进行，不得烧伤主筋。 （5）焊接地线与主筋应接触良好。 （6）焊接过程中应及时清渣，焊缝表面应光滑，焊缝余高应平缓过渡，弧坑应填满	501010303-T1 钢筋焊接连接
501010304	钢筋安装	（1）钢筋绑扎的搭接长度应符合设计要求。 （2）绑扎搭接接头中钢筋的横向净距不应小于钢筋直径，且不应小于 25mm。 （3）钢筋绑扎搭接接头连接区段的长度为 1.3L（L 为搭接长度）。 （4）同一连接区段内，纵向受拉钢筋搭接接头面积百分率应符合设计要求。	（1）钢筋绑扎搭接接头应在接头中心和两端用铁丝扎牢。 （2）同一构件中相邻纵向受力钢筋的绑扎搭接接头宜相互错开。 （3）钢筋接头宜设置在受力较小处，同一受力钢筋不宜设置两个或两个以上接头。 （4）底层钢筋绑扎时，按图纸要求用墨线弹出钢筋分挡位置线，先绑扎下层钢筋，钢筋接头位置错开 50％，底板钢筋全扣绑扎，不得跳扣	501010304-T1 钢筋接头区段

续表

编号	工艺名称	工艺标准	施工要点	图片示例
501010304	钢筋安装	（5）受拉搭接区段的箍筋间距不应大于搭接钢筋较小直径的 5 倍，且不应大于 100mm。 （6）接头连接区段的长度为 35d（d 为宽度），且不应小于 500mm。 （7）同一连接区段内，纵向受力钢筋接头的纵向受力钢筋截面面积与全部纵向受力钢筋截面积的比值，受拉钢筋采用机械连接或焊接时不宜大于 50%，采用绑扎连接时不宜大于 25%。 （8）箍筋直径不应小于搭接钢筋较大直径的 25%。 （9）受拉搭接区段的箍筋间距不应大于搭接钢筋较小直径的 5 倍，且不应大于 100mm	（5）钢筋安装应采取防止钢筋受模板、模具内表面的脱模剂污染的措施。 （6）钢筋安装完成后应及时进行下道工序施工，避免钢筋长时间暴露在大气中产生锈蚀现象。在浇筑混凝土前，若发现钢筋产生锈蚀，应采取除锈措施。 （7）防止钢筋直接压在基础环上	 501010304-T2 钢筋接头细部 501010304-T3 风机基础绑扎完成 501010304-T4 风机基础绑扎完成后的绑扎细部

编号	工艺名称	工艺标准	施工要点	图片示例
501010400	**模板工程**			
501010401	模板质量	（1）模板及支架材料的技术指标应符合国家现行有关标准的规定。 （2）模板的规格和尺寸，支架杆件的直径和壁厚，及连接件的质量，应符合设计要求	（1）模板及支架宜选用轻质、高强、耐用的材料。 （2）接触混凝土的模板表面应平整，并应具有良好的耐磨性和硬度。 （3）脱模剂应有能有效减小混凝土与模板间的吸附力，并应有一定的成膜强度	 501010401-T1 支设完成的模板全貌
501010402	模板安装	（1）模板接缝应严密，浇筑时不可漏浆，支架体系应牢固可靠，具有足够的强度和刚度，浇筑时不能变形。 （2）钢筋保护层符合设计及规范要求。不得采用石块、钢筋头等作为保护层垫块，保护层垫块需按规范要求采用水泥垫块	（1）安装模板时，应进行测量放线，并应采取保证模板位置准确的措施。 （2）模板安装应保证混凝土结构件各部分形状、尺寸和相对位置准确，并应防止漏浆。 （3）模板与混凝土接触面应清理干净并涂刷脱模剂，脱模剂不得污染钢筋和混凝土接茬处。 （4）当混凝土强度能保证其表面及棱角不受损伤时，方可拆除侧模。 （5）模板数量应满足流水施工需要，保证施工联系进行，不得因赶工过早拆除模板	 501010402-T1 模板支撑体系局部

续表

编号	工艺名称	工艺标准	施工要点	图片示例
501010500	混凝土工程			
501010501	混凝土生产	（1）自建搅拌站用于拌合混凝土的水泥、砂石等原材料应满足规范要求。 （2）自建搅拌站计量设备经验收合格，保证混凝土配合比计量准确。 （3）有条件的风场，首选商品混凝土。 （4）北方严寒地区有抗冻设计的引气混凝土含气量与气泡系数应符合下列规定：混凝土骨料最大粒径为25mm时，处于高度保水环境下的含气量为6.0%，平均气泡间隔系数为250μm。 （5）普通减水剂、高效减水剂进入工地（或混凝土搅拌站）的检验项目应包括pH值、密度（或细度）、混凝土减水率，符合要求方可入库、使用；减水剂掺量应根据供货单位的推荐掺量、气温高低、施工要求，通过试验确定	（1）加强原材料管理，对于水泥、石子、沙子等材料要经常抽检，必须保证料场的原材料与做试验的样品一致。对于不合格的原材料，如水泥的品种和生产厂家发生变化，石子、砂子含泥量过大等须及时清理出场。 （2）需符合资质要求的实验室进行配合比设计，搅拌站严格按照设计的配合比计量。 （3）搅拌机在浇筑前应进行全面的检修和试运行，其性能和数量应满足大体积混凝土连续浇筑的需要。 （4）混凝土生产期间应按照规范要求留置标准养护试块	501010501-T1 搅拌站堆料 501010501-T2 搅拌机计量仪器

编号	工艺名称	工艺标准	施工要点	图片示例
501010502	混凝土运输	（1）运输中的全部时间不应超过混凝土的初凝时间。 （2）运输中应保持匀质性，不应产生分层离析现象，不应漏浆；运至浇筑地点应具有规定的坍落度，并保证混凝土在初凝前能有充分的时间进行浇筑。 （3）混凝土的运输道路要求平坦，应以最少的运转次数、最短的时间从搅拌地点运至浇筑地点	（1）运输过程中不得加水。 （2）气温较低时混凝土罐需有保温措施	 501010502-T1 采取保温措施的运输罐车
501010503	混凝土浇筑	（1）混凝土的出仓时间和浇筑的间隔时间不能超过混凝土的初凝时间。 （2）雨季施工前，水泥和矿物掺合料应采取防水和防潮措施，并应对粗骨料、细骨料的含水率进行监测，及时调整混凝土配合比。 （3）冬季施工时混凝土外加剂、配合比和原材料的预热应满足规范要求。	（1）应先进行泵水检查，并应湿润输送泵的料斗、活塞等直接与混凝土接触的部位；泵水检查后，应清除输送泵内积水。 （2）泵送混凝土前，宜先输送水泥砂浆对输送泵和输送管进行润滑，然后开始输送混凝土。	 501010503-T1 混凝土浇筑前准备

续表

编号	工艺名称	工艺标准	施工要点	图片示例
501010503	混凝土浇筑	（4）冬季施工混凝土拌合物的出机温度不宜低于 10℃，入模温度不应低于 5℃。 （5）输送泵设置的位置应满足施工要求，场地应平整、坚实，道路应畅通。 （6）输送泵管安装连接应严密，输送泵管道转向宜平缓。 （7）输送泵应采用支架固定，支架应与结构牢固连接，输送泵转向处支架应加密。	（3）输送混凝土应先慢后快、逐步加速，应在系统运转顺利后再按正常速度输送。 （4）输送混凝土过程中，应设置输送泵集料斗网罩，并应保证集料斗有足够的混凝土余量。	 501010503-T2 混凝土浇筑开始 501010503-T3 混凝土分层浇筑

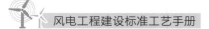

续表

编号	工艺名称	工艺标准	施工要点	图片示例
501010503	混凝土浇筑	（8）风机基础混凝土浇筑应采用水平分层的浇筑施工方法，每层混凝土的厚度不宜超过300m。 （9）混凝土入模温度不宜大于30℃；混凝土浇筑体最大温升不宜大于50℃。	（5）浇筑混凝土前，应清除模板内或垫层上的杂物。表面干燥的垫层、模板上应洒水湿润；现场环境温度高于35℃时，宜对金属模板进行洒水降温；洒水后不得留有余水。 （6）混凝土分层浇筑的间歇时间不应超过混凝土的初凝时间，并保证上下层之间不留施工缝。 （7）浇筑过程中应及时排除混凝土表面泌水。 （8）混凝土振捣应能使模板内各个部位的混凝土密实、均匀，不应漏振、欠振、过振。	501010503-T4 混凝土振捣 501010503-T5 混凝土现场浇筑完成

编号	工艺名称	工艺标准	施工要点	图片示例
501010503	混凝土浇筑	（10）应按分层浇筑厚度分别进行振捣，振动棒的前段应插入前一层混凝土中，插入深度不应小于50mm。 （11）基础浇筑时间不能超过设计规定的时间	（9）振捣棒应垂直于混凝土表面并快插慢拔均匀振捣；当混凝土表面无明显塌陷、有水泥浆出现、不再冒气泡时，应结束该部位振捣。 （10）混凝土分层振捣并采用二次振捣工艺，保证模板内各个部位混凝土振捣密实、均匀，不应漏振、欠振、过振。 （11）混凝土浇筑面应及时进行二次抹压处理。最后一次的抹压作业应在混凝土终凝（前）时进行。 （12）振捣棒应尽量不碰钢筋，防止基础环水平度变化	501010503-T6 混凝土收面模压
501010504	混凝土养护	（1）保湿养护的持续时间不得少于14d，应经常检查塑料薄膜或养护剂涂层的完整情况，保持混凝土表面湿润。 （2）塑料薄膜应紧贴混凝土裸露表面，塑料薄膜内应保持有凝结水。 （3）在覆盖养护或带模养护阶段，混凝土浇筑体表面以内，40～100mm位置处温度与混凝土浇筑体表面温度差值不应大于25℃；结束覆盖养护或拆模后，混泥土浇筑体表面以内，	（1）大体积混凝土应进行保湿养护，保湿养护可采用洒水、覆盖、喷涂养护剂等方式。养护方式应根据现场条件、环境温湿度、技术要求等因素确定。 （2）风机基础大体积混凝土应在浇筑完毕后的12h以内对混凝土加以覆盖养护。 （3）洒水养护宜在混凝土裸露表面覆盖麻袋或草帘后进行，也可采用直接洒水方式。洒水养护应保证混凝土处于湿润状态，当日最低温度低于5℃时，不应采用洒水养护。 （4）覆盖养护宜在混凝土裸露表面覆盖塑料薄膜、塑料薄膜加麻袋、塑料薄膜加草帘进行	501010504-T1 风机基础覆盖养护

续表

编号	工艺名称	工艺标准	施工要点	图片示例
501010504	混凝土养护	40～100mm 位置处温度与环境温度差值不应大于 25℃。 （4）混凝土浇筑体内部相邻两测温点的温度差值不应大于 25℃。 （5）混凝土降温速率不宜大于 2.0℃/d。 （6）每个剖面的周边测温点应设置在混凝土浇筑体表面以内 40～100mm 位置处；每个剖面的测温点宜竖向、横向对齐；每个剖面竖向设置的测温点不应少于 3 处，间距不应小于 0.4m 且不宜大于 1.0；每个剖面横向设置的测温点不应少于 4 处，间距不应小于 0.4m 且不大于 1.0m。 （7）测温频率应符合下列规定：第一天至第四天，每 4h 不应少于一次；第五天至第七天，每 8h 不应少于一次；第七天至测温结束，每 12h 不应少于一次	（5）当混凝土表面温度与环境温度最大差值小于 20℃时，可结束覆盖养护。 （6）应专人负责保温养护工作，同时应做好测温记录。 （7）宜选择具有代表性的两个交叉竖向剖面进行测温，竖向剖面交叉位置宜通过基础中部区域。 （8）每个竖向剖面的周边以内部位应设置测温点，两个竖向剖面交叉处应设置测温点；混凝土浇筑体表面测温点应设置在保温覆盖层底部或模板内侧表面，并应与两个剖面上的周边测温点位置及数量对应；环境测温点不应少于 2 处	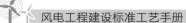 501010504-T2 测温点布置 501010504-T3 现场测温记录

续表

编号	工艺名称	工艺标准	施工要点	图片示例
501010600	防水密封工程			
501010601	防水密封工程	（1）须包括两道防水：第一道为沿基础环与混凝土交界面的由挤塑板形成的预留凹槽内打密封胶；第二道为基础环与混凝土交界面范围涂刷防水材料。 （2）基础环内部、外部都必须进行密封。 （3）基础环与混凝土交界面的挤塑板相处的预留凹槽内打密封胶，接缝尺寸为12mm×25mm。 （4）腐蚀情况较轻地区，要求水泥的最大氯离子含量小于0.2%，最大碱含量小于3.0kg/m³	（1）所有表面必须清洁、干燥并且不受油脂和油等杂质的污染。全部杂质用钢丝刷除去后，接着用无油压缩空气吹洗。 （2）地下水具有腐蚀性的地区或盐碱地地区，建议采用阻锈剂。 （3）一旦密封胶凝固，除去表面的污垢、尘土、油和油脂	 501010601-T1 防水密封施工完成

第 6 篇

风机安装工程

编号	工艺名称	工艺标准	施工要点	图片示例
601010100	吊装场地平整			
601010101	吊装场地平整	（1）满足厂家提供的风机安装作业指导书要求。 （2）如短期内无法安装，则禁止将风机部件摆放在冻土层上。 （3）有明火作业、有易燃易爆物品旁禁止摆放风机部件。 （4）吊装场地四周无高压电线等安全隐患	（1）场地承载力满足风机设备及吊车荷载要求，避免由于不均匀沉降导致的设备倾斜。 （2）塔筒、叶片等在地面放置期间，底部不能与地面直接接触。 （3）大型零部件和柜体之间至少保持1m的间距，为消防和应急通道。 （4）现场做好防沙尘、雨雪等工作	 601010101-T1 吊装平台平整
601010200	塔架及电控柜安装			
601010201	安装准备	（1）清洁基础环表面，检测基础法兰的水平度，水平度必须满足设计要求。 （2）保持基础环干燥并涂抹密封胶，防止进水。	（1）必须保持吊装施工各作业组之间通信通畅，在工作前检通信查功能正常。 （2）现场所有人员必须做好相应安全防护措施，塔架内部安装人员必须配备相应安全装置。 （3）检查所有部件外观是否损坏，检查塔架油漆的破损程度并清理它们，吊装前修补破损部位的油漆。检查那些有可能在吊装塔筒的时候掉落下来的松散部件并移除它们。	 601010201-T1 基础环法兰表面 清理并打密封胶

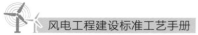

编号	工艺名称	工艺标准	施工要点	图片示例
601010201	安装准备	（3）塔架起吊时应注意风速、雨、雾等天气情况，严禁夜间吊装风机	（4）检查各段塔筒内电缆支架、爬梯、平台的固定螺栓的紧固情况，及临时性防坠落钢丝绳的配备，并符合要求。 （5）大型起重设备现场组装后，应通过当地特种设备检测单位的检查。 （6）电动力矩扳手、液压力矩扳手、液压站、移动式起重机等应提供相应机构颁发的检验合格证	
601010202	塔架及电控柜吊装	（1）必须严格按照厂家提供的风机安装作业指导书进行吊装。 （2）塔底电控柜和第一段塔筒必须在一天内完成安装。 （3）安装完成第一段塔架后，对塔架与基础环的接地导线进行安装，并注意对其打磨除锈。 （4）风机内工作人员每段塔架只允许一个人使用爬梯，使用提升机不得超过其最大荷载。	（1）吊具安装完成后，必须试吊。 （2）塔筒吊装前，电控平台应用4脚斜拉锁辅助防护。防止被风刮倒。 （3）现场人员必须佩戴安全帽，上部施工人员防止高空坠物。 （4）吊装作业过程中，禁止任何车辆放置在吊臂下侧，确保所有人员远离起吊作业半径范围。 （5）塔架吊装过程中不得发生碰撞。	601010202-T1 塔架起吊

编号	工艺名称	工艺标准	施工要点	图片示例
601010202	塔架及电控柜吊装	（5）第一节塔筒安装时，塔筒门的方向要符合设计及风机厂家要求	（6）塔架安装过程中严禁将手伸入塔筒夹缝中。 （7）塔架内不得单独一人工作	 601010202-T2 第二节塔架安装
601010300	机舱安装			
601010301	安装准备	（1）顶段塔架上法兰面不允许涂抹密封胶。 （2）机舱起吊时应注意风速、雨、雾等天气情况，严禁夜间吊装风机	（1）必须保持吊装施工各作业组之间通信通畅，在工作前检查功能正常。 （2）现场所有人员必须做好相应安全防护措施，塔架内部安装人员必须配备相应安全装置。 （3）检查所有部件外观是否损坏，检查可能在吊装的时候掉落下来的松散部件并移除	 601010301-T1 机舱起吊

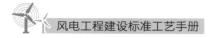

续表

编号	工艺名称	工艺标准	施工要点	图片示例
601010302	机舱吊装	（1）必须严格按照厂家提供的风机安装作业指导书进行吊装。 （2）顶段塔筒和机舱必须在一天内完成安装。 （3）机舱吊装后立即对其与塔架的跨接接地导线进行安装。 （4）风机内工作人员每段塔架只允许一个人使用爬梯，使用提升机不得超过其最大荷载	（1）现场人员必须佩戴安全帽，上部施工人员防止高空坠物。 （2）吊装作业过程中，禁止任何车辆放置在吊臂下侧，确保所有人员远离起吊作业半径范围。 （3）机舱吊装过程中不得发生碰撞。 （4）机舱安装过程中严禁将手伸入塔架与机舱的夹缝中。 （5）机舱内不得单独一人工作	601010302-T1 机舱安装
601010400	**叶轮安装**			
601010401	安装准备	（1）检查放置轮毂位置的水平度，必须满足设计要求。 （2）叶轮起吊时应注意风速、雨、雾等天气情况，严禁夜间吊装风机	（1）必须保持吊装施工各作业组之间通信通畅，在工作前检查功能正常。 （2）现场所有人员必须做好相应安全防护措施，塔架内部安装人员必须配备相应安全装置。 （3）检查三个叶片无缺陷，如有缺陷必须修补完成并验收后再组装。 （4）叶片必须清理干净后再进行吊装	601010401-T1 轮毂检查

续表

编号	工艺名称	工艺标准	施工要点	图片示例
601010402	叶轮组装	（1）必须严格按照厂家提供的风机安装作业指导书进行组装。 （2）第一片叶片尽量朝向主风向	（1）完成叶片安装后应先对叶片顶部进行支撑（严禁用泡沫板直接支撑叶片），再解除吊车的吊索。 （2）叶片根部刻度标签上的"0刻度线"与变桨轴承法兰面上所画的"0刻度线"应对齐。 （3）组装过程中不得发生碰撞	 601010402-T1 叶片安装整体 601010402-T2 叶片安装局部

编号	工艺名称	工艺标准	施工要点	图片示例
601010403	叶轮吊装	（1）必须严格按照厂家提供的风机安装作业指导书进行吊装。 （2）风机内工作人员每段塔架只允许一个人使用爬梯，使用提升机不得超过其最大荷载	（1）现场人员必须佩戴安全帽，上部施工人员防止高空坠物。 （2）吊装作业过程中，禁止任何车辆放置在吊臂下侧，确保所有人员远离起吊作业半径范围。 （3）螺栓拧紧后重新用高速轴制动器将高速轴刹死，并将叶轮变桨系统锁住。 （4）风机内不得单独一个人工作	601010403-T1 叶轮起吊 601010403-T2 叶轮吊装

编号	工艺名称	工艺标准	施工要点	图片示例
601010500	**螺栓安装**			
601010501	螺栓检测	（1）满足规范 NB/T 31082—2016《风电机组塔架用高强螺栓连接副》相关规范规定。 （2）现场收到螺栓后，应检查产品的质量合格证明文件、中文标记及检验报告	（1）必须进行实物尺寸检查。 （2）必须进行螺栓机械性能（螺栓拉伸、低温冲击、楔负载、脱碳）试验。 （3）必须进行螺母机械性能（保证荷载、硬度）试验。 （4）必须进行垫圈机械性能（硬度）试验。 （5）必须进行螺栓连接副（扭矩系数、化学成分、金相）试验	 601010501-T1 塔架螺栓
601010502	螺栓紧固	（1）螺栓紧固力矩应按厂家要求的紧固次数、力矩值、紧固顺序进行螺栓紧固。 （2）对于紧固后螺栓应做十字标记。	（1）涂抹二硫化钼前必须确保螺栓连接部位没有污物、防腐剂和润滑剂，高强螺栓连接摩擦面应保持干燥、整洁，不应有飞边、毛刺、焊接飞溅物、焊疤、氧化铁皮、污垢等。除设计要求外摩擦面不应涂漆。 （2）所有螺栓打完力矩后螺栓头和螺母需做必要的防锈处理。 （3）塔筒内使用电动扳手、液压扳手时须戴好耳塞等防护工具。	 601010502-T1 螺栓紧固（1）

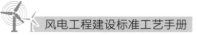

编号	工艺名称	工艺标准	施工要点	图片示例
601010502	螺栓紧固	（3）抽检螺栓数量不能少于总数的10％。 （4）螺栓紧固过程必须严格按照厂家提供的风机安装作业指导书进行	（4）现场螺栓应注意成品保护和清洁，安装过程中不得碰伤螺栓及污染。 （5）螺栓的初拧和终拧必须在24h完成。 （6）高强度螺栓应自由穿入螺栓孔，严禁用锤子将高强度螺栓打入孔内，且其穿入方向一致。 （7）螺母带圆台面的一侧应朝向垫圈有倒角的一侧，螺栓头下垫圈有倒角的一侧应朝向螺栓头	601010502-T2 螺栓紧固（2）
601010600	**风机接地**			
601010601	风机接地	（1）风力发电机组接地装置导体材料和截面的计算校核应满足机械强度、热稳定、当地土壤腐蚀状况和运行年限的要求。	（1）螺栓连接完成后，立即进行各段法兰间的跨接线连接及其他接地系统的连接。	601010601-T1 塔架间跨接接地

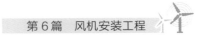

续表

编号	工艺名称	工艺标准	施工要点	图片示例
601010601	风机接地	（2）必须严格按照厂家提供的风机安装作业指导书进行接地连接	（2）风机吊装完成时，必须完成风机所有接地连接	601010601-T2 塔架与基础环之间跨接接地

第 7 篇

道 路 工 程

编号	工艺名称	工艺标准	施工要点	图片示例
701010100	**测量放线**			
701010101	测量放线	（1）风场道路平面控制测量等级应符合国家三级导线测量等级精度要求。 （2）风场道路水准测量符合水准测量等级五等标准精度要求。 （3）沿路线每500m宜有一个水准点，在结构物附近，高填深挖路段，工程量集中及地形复杂路段，根据需要增设水准点，增设水准点应符合相关等级要求精度要求	（1）施工前施工单位必须按照测量等级要求对全线的道路进行导线复测，复测结果符合设计及规范要求，并上报监理工程师批准。 （2）路基开工前应进行全路段中桩放线，并固定路线主要控制桩。 （3）对深挖高填路段，每挖深3~5m或者一个边坡平台应复测中线和横断面	 701010101-T1 导线、中线、高程进行测量放线
701010200	**路基工程**			
701010201	道路清表	（1）清除路基范围内的树木、杂草、淤泥质土、腐殖土等。 （2）原地面坑、洞、穴等应在清除沉淀物后，用合格的填料分层进行回填。	（1）应对路基填筑范围内的树木、杂草、淤泥、腐殖土等进行清理，并合理处置，不得作为路基填料直接填筑路基。 （2）原地面的坑、洞、穴等应在清除沉淀物后分层进行填筑，压实标准按照设计要求进行，并不得小于93％。 （3）局部出现软弹的部分，应换填石方进行挤密压实，压实后路基在反复行车后不得出现翻浆现象。	 701010201-T1 道路清表

编号	工艺名称	工艺标准	施工要点	图片示例
701010201	道路清表	（3）地基为耕地、水稻田、湖塘、软土、高液限土时，应进行处理。 （4）泉眼或露头地下水，应采取措施进行处理	（4）露出地面的泉眼、露头地下水等应采取导排措施，把水引至路基范围以外，不得浸泡路基。 （5）耕地、土质松散、水稻田、湖塘等路段软土应进行清理，清理换填，换填深度宜为1.2～1.5m，换填路基填料为粒径大于50cm的石头，然后填山皮石进行填缝	701010201-T2 道路清表
701010202	填方路基	（1）性质不同的填料，应水平分层、分段填筑、分层压实，同一水平层路基的全宽应采用同一种填料，不得混合填筑。 （2）路基填筑时应从最低处起分层填筑，逐层压实；当原地面纵坡大于12%或横坡陡于1:5时，应按设计要求挖台阶。 （3）施工过程中，每压实层均应检验压实度，检验频率为每1000m²至少检验2个点，不足1000m²时检验2个点	（1）路堤填料不得使用淤泥、沼泽土、冻土、有机土、含草皮土，生活垃圾、树根和含腐朽物质的土。 （2）液限大于50%，塑性指数大于26的细粒土不得直接作为路基调料。 （3）地面坡度陡于1:5时，原地面应挖成宽度不小于1m的台阶，由低处逐层填筑压实。 （4）路基应从低处分层填筑压实，最大松铺厚度不大于500mm。 （5）路基填料应控制在最佳含水量±2%之内	701010202-T1 填方路段 701010202-T2 填方路段

续表

编号	工艺名称	工艺标准	施工要点	图片示例
701010203	挖方路基	（1）土方开挖应自上而下进行，不得乱挖超挖，严禁掏底开挖。 （2）路基开挖中，应采取临时排水措施，确保施工作业面不积水。 （3）挖方至设计标高，应考虑因压实的下沉量	（1）土方开挖时无论方量大小均应自上而下进行，不得乱挖超挖，严禁掏洞取土。 （2）开挖至零填、路堑路床部分后应及时进行施工，如不能及时施工宜高出设计标高 30cm。 （3）挖方路基施工过程中应做好临时排水，做好边沟等临时措施。 （4）挖方弃土不得随意堆放，按照要求进行弃土，弃土不得阻塞、污染河道	 701010203-T1 挖方路段 701010203-T2 挖方路段

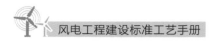
续表

编号	工艺名称	工艺标准	施工要点	图片示例
701010300	**路面工程**			
701010301	铺设碎石	路面可采用山皮石或级配碎石铺设，山皮石或级配碎石的级配符合要求，强度满足设计要求	（1）碎石分两层铺筑，第一层为20cm；压路机（≥18t）进行压实，压实遍数不少于2遍。第二层山皮石为10cm，压路机压实后准铺筑磨耗层。 （2）磨耗层的厚度不小于2cm	701010301-T1 铺设碎石 701010301-T2 铺设碎石

续表

编号	工艺名称	工艺标准	施工要点	图片示例
701010302	压实路面	山皮石的压实度不小于94%	（1）施工过程中要严格控制压路机的压实变数，避免出现压实系数不满足要求的部位。 （2）磨耗层的压实系数不小于0.94。 （3）施工过程中要严格控制磨耗层的级配，选择级配良好的磨耗层材料。 （4）路面的耐磨度需符合设计要求	 701010302-T1 路面压实
701010400	**桥梁及涵管工程**			
701010401	桥梁工程	（1）墩台采用扩大基础的，基础开挖到设计标高后应组织勘察、设计、建设、监理、施工单位对地基进行验槽。 （2）钢筋、模板、混凝土工程必须符合设计及施工验收规范的要求。 （3）桥梁采用矩形板，支设桥梁支架时，支架的强度、刚度、稳定性必须满足设计要求，支架的沉降量必须满足要求	（1）钢筋的型号、位置、数量及接头位置必须满足设计要求。 （2）模板应具有一定刚度、强度、稳定性，支架的安稳性必须符合要求，浇筑混凝土前模板内不应有杂物，不得给水，模板应平整，拼缝严密，浇筑过程中不得漏浆。 （3）混凝土的配合比、搅拌、运输、强度必须满足要求，混凝土的振捣，混凝土的试块留置满足规范要求。 （4）混凝土达到设计强度后方能拆除模板承重支撑体系。 （5）混凝土养护必须满足设计要求	 701010401-T1 桥梁施工 701010401-T2 桥梁工程

编号	工艺名称	工艺标准	施工要点	图片示例
701010402	涵管工程	（1）管涵内外侧表明应平直圆滑，不得有蜂窝，管涵的钢筋及混凝土质量符合设计要求。 （2）管节的运输装卸过程必须采取防碰措施，防止管节损坏。 （3）涵管的基础开挖、混凝土等质量应符合设计要求	（1）施工前对涵管的位置进行测量放线，保证与道路衔接的平顺。 （2）涵管安装应该平顺，管节之间的缝隙不得大于15mm，缝隙之间填塞沥青麻絮等材料。 （3）涵管填土必须为透水性较好的材料，管顶最小填土高度不得小于50cm，否则不得通行重型车辆及机械设备。 （4）涵管全长范围内设置沉降缝3～5道，其位置以设在路基中部和行车道外侧为宜	701010402-T1 涵管施工 701010402-T2 涵管施工

续表

编号	工艺名称	工艺标准	施工要点	图片示例
701010500	道路附属工程			
701010501	挡土墙	（1）挡土墙设置在土质地基时没基础地面埋深不小于1.5m。 （2）石料采用石质一致，不易风化，无裂缝，抗压强度不小于30MPa的片石。 （3）填方路段坡度大于3m的坡面应修筑护坡，防止道路填方处滑坡等路基失稳灾害	（1）挡土墙基础开挖必须挖至原土层，地基承载力符合设计要求。 （2）石料必须选择不易风化的石料，抗压强度符合设计要求。 （3）挡土墙及护坡砌筑过程中砂浆的标号及饱满度必须符合设计要求。 （4）按照设计要求规定合理留置施工缝，一般留置间距为10m，伸缩缝内填防水的柔性材料。 （5）挡土墙砌筑到设计标高－10cm处需铺设与砌筑标号一直的砂浆一层	 701010501-T1 挡墙工程 701010501-T2 挡墙工程局部

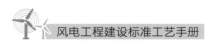

编号	工艺名称	工艺标准	施工要点	图片示例
701010502	护坡	（1）护坡底部挡土墙的宽度、高度符合设计及规范要求。 （2）护坡坡面的平整度和顺平度须符合要求，感观良好。 （3）护坡砌筑用砂浆的水泥、砂及配合比必须符合规范要求，砂浆标号满足要求。 （4）砌筑用的片石的强度，质地须坚硬，无明显风化痕迹	（1）护坡砌筑用的石材；应选用质地坚硬，无风化剥落层或裂纹的石材，且表面无污垢等。 （2）砌筑护坡的坡脚挡墙时，挡墙的宽度和高度能够抵抗护坡的下滑力保证护坡的稳定性。 （3）砂浆用的水泥、砂、水等进行试验，试验合格后按照有资质的试验室出具的配合比要求进行砂浆的搅拌。 （4）坡面应顺平，坡度不小于1：0.3，坡面高度超过8m时坡度应不小于1：0.5，保持坡面的稳定性。 （5）坡面块石之间的缝隙水泥砂浆应饱满，并在砌筑过程中砂浆不得污染块石表面	701010502-T1 护坡工程
701010503	防撞墩	防撞墩的距离间隔、材质、外观符合设计与规范要求	（1）防撞墩的埋置深度必须符合设计要求，且底部应采取扩大的混凝土进行浇筑，保证防撞墩的稳定性。 （2）防撞墩的高度应根据边坡的深度而定，但不应低于1.0m，必要时可以在防撞墩顶部设置反光标志，保证夜间行车安全	701010503-T1 防撞墩安装

续表

编号	工艺名称	工艺标准	施工要点	图片示例
701010504	边沟	（1）排水沟砌体的砂浆和构件砼配合比准确，砌缝砂浆均匀饱满，色缝密实。 （2）基础设有缩缝时应与墙身缩缝对齐，填缝材料饱满。 （3）边沟盖板线条圆顺、顶面标高平整一致，整洁美观	（1）排水沟的砌体强度，砂浆强度及配合比必须符合设计要求，配合比必须在有资质的实验室进行适配，适配合格后进行施工。 （2）基础须按照设计设置伸缩缝，长度10～15m设置一道，伸缩缝内填塞柔性防水材料。 （3）边沟侧和盖板须圆顺，顶面标高顺平，感官质量良好。 （4）沟底应有一定坡度，坡度为3%～4%，有利于边沟的排水。 （5）采用砖砌体的边沟表面必须内外抹防水砂浆，提高边沟的使用年限	 701010504-T1 边沟工程
701010600	环境保护及路标路牌工程			
701010601	环境保护	（1）施工过程中应尽量利用有利地形，避免因施工造成环境的重大破坏。	（1）在道路布设过程中，充分利用有利地形，避免大填大挖，减少取、弃土占地，最大限度地减轻因施工对现有植被的破坏。	 701010601-T1 边坡恢复

编号	工艺名称	工艺标准	施工要点	图片示例
701010601	环境保护	（2）对于可能产生环境污染的部分，应提前采取主动措施，防止范围扩大，并积极处理	（2）在施工过程中应注意道路开挖后对周围环境的保护，施工完成后应及时对原有植被进行恢复，注意水土保持	701010601-T2 草籽种植
701010602	路标路牌工程	路标指示牌的制作、安装、施工需符合设计要求，并按照公路指示标准指示牌的要求进行制作，施工	（1）路牌的标志形式必须满足建设合同及设计图纸的要求，材质必须具有一定的强度和刚度。 （2）路牌的底部埋置深度符合设计要求，并能保证路牌的稳定性，路牌的底部应采用混凝土灌实，从而保证路牌的稳定性	701010602-T1 道路安全标识 701010602-T2 道路指示牌